Parasiten – Meister der Manipulation

Hans-Peter Hutter • Raoul Mazhar

# PARASITEN

## MEISTER DER MANIPULATION

Von ferngelenkten Fischen,
Zombie-Ameisen und willenlosen Menschen

ueberreuter

Danke, dass Sie sich für unser Buch entschieden haben!
Sie wollen über unser Programm auf dem Laufenden bleiben sowie über Neuigkeiten und Gewinnspiele informiert werden? Folgen Sie uns auf Social Media oder abonnieren Sie unseren Newsletter.

FSC
www.fsc.org
MIX
Papier | Fördert gute Waldnutzung
FSC® C106954

1. Auflage 2025

Frankgasse 4 | 1090 Wien
produktsicherheit@ueberreuter.at
ISBN 978-3-8000-7896-7



Covergestaltung: Saskia Beck | s-stern.at
Satz: Lisa Wilfinger | Carl Ueberreuter Verlag
Illustrationen Cover: Shutterstock
Illustrationen Kern: iStock und Shutterstock
Lektorat: Caroline Metzger
Druck und Bindung: Imprint d.o.o. | Ljubljana, Slowenien

www.ueberreuter.at

# Inhalt

*Gewidmet denen, die wir lieben –*
*und allen, die uns lieben, obwohl sie uns kennen.*

# Vorwort von Ursula Poznanski

Wer, sobald das Wort „Naturwissenschaften“ fällt, sofort die inneren Scheuklappen aufsetzt und auf schlechte Schulnoten in Biologie, Chemie und Physik verweist … hat mein vollstes Verständnis. Allein die Masse an Fremdwörtern und Fußnoten, die elend langen Sätze. Und Latein sollte man am besten auch noch sprechen, damit man sich durch Artikel – oder schlimmer: Bücher – quälen kann, die gefühlt nichts mit einem selbst zu tun haben.

Wie gut also, dass Sie dieses Buch gekauft haben, denn hier ist Wissenschaft das pure Vergnügen. Nie hätte ich gedacht, dass Parasiten so amüsant (und gleichzeitig erschreckend) sein können. Sie sind Meister der Manipulation und dabei erfindungsreicher als die schlimmsten Politiker. Es gibt sie in Form von Würmern, Viren oder Wespenlarven und wer *The Last of Us* gesehen hat, wird sich freuen zu erfahren, dass Pilze, die ihre Wirte in Zombies verwandeln, ganz real existieren.

Hans Peter Hutter und Raoul Mazhar bringen uns die Welt dieser winzigen Schmarotzer auf so amüsante Art und Weise nahe, dass man sich unwillkürlich in den Text verbeißt wie ein Peitschenwurm in Ötzis Dickdarm (mehr dazu ab Seite 65) und am Ende der Lektüre nicht nur bestens unterhalten, sondern tatsächlich auch ein wenig klüger ist. Und nie wieder barfuß über einen Campingplatz laufen wird.

Ich wünsche Ihnen viel Vergnügen beim Lesen!

Herzlichst
Ursula Poznanski

# Anleitung zum Lesen

Dies ist kein Vorwort, denn streng genommen haben wir schon eines – und was für eines! Ursula Poznanski hat sich nicht lumpen lassen und uns ein Vorwort geschrieben, das jedem Kriminalfall standhalten würde. Wir dagegen wollten ursprünglich gar keines. Warum auch? Dachten wir. Wer knabbert an der Apfelschale, wenn das Fruchtfleisch lockt? Doch spätestens seit Ursula wissen wir: Auch die Schale birgt Geschmack, Aromen und manchmal jene Essenzen, die die ganze Frucht erst schmackhaft machen. Und was macht man, wenn man von Ursula Poznanski ertappt wird? Man legt das Geständnis ab und lässt sie an das Steuer. So haben wir nun ein Vorwort, das nicht da sein sollte, und ein Nicht-Vorwort, das unerwartet eine Komplizin gefunden hat. Diesen – nennen wir es Geleittext – haben wir mit jener Prise Humor gewürzt, die Sie auch im weiteren Buch erwartet.

Was erwartet Sie also? Betrachten Sie dieses Buch als Einladung in die Welt der raffiniertesten Lebenskünstler unseres Planeten. Ein Panoptikum hochspezialisierter und evolutionär erfolgreicher Lebewesen mit bizarren Überlebensstrategien. Sie werden Minigenies kennenlernen, die Körper kapern, Verhalten steuern und die Evolutionsgeschichte mitschreiben. Unsere gemeinsame Reise in die Welt der Parasiten ist wissenschaftlich fundiert, aber ohne Scheu vor dem Kuriosen oder Komischen.

Nehmen wir Hans-Peter Hutters Lieblingsparasiten: *Ophiocordyceps unilateralis*, in Boulevardzeitungen bekannt als „Zombie-Pilz". Schon der Name lässt Science-Fiction-Fans aufhorchen. Dieser Mikroorganismus manipuliert das Verhalten von Ameisen mit einer Listigkeit, die selbst erfahrene Parasitologen sprachlos macht. Der Pilz infiziert die Ameise, wächst in ihrem Körper und steuert ihr

Verhalten so präzise, dass sie an einem bestimmten Ort und auf eine bestimmte Weise stirbt – natürlich dort, wo es für den Pilz optimal ist, um sich weiter auszubreiten. Die Komplexität dieses Meisterstücks löst Ehrfurcht vor der Natur aus. Es zeigt, wie erstaunlich anpassungsfähig und spezialisiert Mikroorganismen sein können und wie beeindruckend unsere Welt auch im Kleinen ist.

Wir wollen Sie also faszinieren. Aber wie soll dieses Buch gelesen werden? Wie ernst können Sie es nehmen und warum wurde es überhaupt geschrieben? Wir klären zunächst, warum wir ein ernstes Thema – Parasiten kosten weltweit und pro Jahr mehr Menschenleben als Autounfälle und Morde zusammen – humorvoll aufbereiten.

Viele misstrauen dem Humor, denn er entblößt geheimste Gedanken. Zeig mir, worüber du lachst, und ich sage dir, wer du bist! An dieser Stelle verweisen wir auf den ehrwürdigen Jorge aus Umberto Ecos *Der Name der Rose*. Er mag fiktiv sein, doch er ist der Held aller Humorlosen, der Gesalbte der Witz-Agnostiker. Wir Autoren sind überzeugt: Jorge ist ein Antiheld. Und von Menschen, die das Lachen verdammen, sollte man sich tunlichst fernhalten. Sie halten also ein Buch in Händen, das Jorge verdammt hätte. Es befasst sich mit einem todernsten Thema und dennoch werden Sie ständig über Augenzwinkern, Wortspiele und Humor stolpern, die zumeist die Farbe Ihres Morgenkaffees haben, sofern Sie diesen tiefschwarz mögen. Das ist kein Zufall, sondern Strategie. Und wir entschuldigen uns nicht dafür. Im Gegenteil.

Ihr Gehirn – dieser faszinierende innere Kommentator, der Sie täglich mit bis zu 70.000 Gedanken bombardiert – liebt Emotionen. Wenn eine neue Erfahrung ein Lächeln auslöst, verschwören sich die beiden und bleiben auf ewig verbunden. (Zugegeben, bei Angst und Wut klappt das genauso gut, aber damit wollen wir Sie nicht belasten.) Forscher nennen das den „Gedächtnisbooster-Effekt".

Aber am wichtigsten ist der Perspektivenwechsel. Witz funktioniert durch unerwartete Wendungen; er zwingt uns, um die Ecke zu denken. Der Humor in diesem Buch ist somit kein Mangel an Achtung vor der Materie, sondern tiefster Respekt vor der Art, wie unser Hirn am besten funktioniert. Betrachten Sie die gute Stimmung als Trittsteine über einen mitunter reißenden Wissensbach.

Apropos wilde Gewässer: Parasitologie-Veteranen werden uns womöglich vorwerfen, dass wir durch die Materie mäandern wie ein launischer Gebirgsbach – mal tief in komplexe Lebenszyklen eintauchend, mal oberflächlich plätschernd. Dies ist Absicht. Wir haben kein Lehrbuch verfasst, das pflichtschuldig jedes Detail abarbeitet. Stattdessen verweilen wir, wo es uns reizt, und hasten vorbei, wo es Sie langweilen könnte. Wer also für eine Uni-Prüfung lernt, sollte dieses Buch irgendwann beiseitelegen und zu dickeren Werken greifen. Dort gibt es das nötige Futter für den akademischen Apparat, bei uns bekommen Sie einfach nur den Appetit darauf. Über die thematische Reihenfolge entscheiden übrigens Sie selbst. Die Kapitel bauen zwar lose aufeinander auf, aber Sie können nach Lust und Laune durch das parasitologische Panoptikum flanieren.

Noch etwas Wichtiges: Wenn Sie denken, Parasitologie mit ihren verschlungenen Lebenszyklen wäre kompliziert: Willkommen beim Thema Gendern. Es erhitzt bekanntlich die Gemüter. Für den akademischen Lehrenden Hans-Peter Hutter ist es selbstverständlich, denn an Universitäten gehört es zum Alltag wie das Zitieren von Quellen. Doch für den Journalisten Raoul Mazhar, Chefredakteur einer medizinischen Zeitung, ist es anders. Nicht aus ideologischen Vorbehalten – im Gegenteil, die Argumente der Gender-Befürworter sind gut und richtig. Aber leider macht Gendern Texte mitunter sperrig. Und für Journalistinnen und Journalisten ist Lesbarkeit heilig. Sätze wie „Wenn Ärztinnen und Ärzte ihren Patientinnen und Patienten den/die richtige(n) Experten/Expertin empfehlen“ sind ein sprachlicher Hindernisparcours, den kein Witz mehr auflockern kann.

Unser Mittelweg: In der Einzahl nutzen wir die weibliche Form, in der Mehrzahl die männliche. Das klingt dann so: „Eine Ärztin empfiehlt ihren Patienten die richtige Expertin." Wir wissen, dass das nicht jedem gefällt, es wird sogar einige geben, die sich aufregen. Aber der Kompromiss ist, wie das Vorwort, eine verkannte Sache. Dazu eine kurze Geschichte, die Raoul Mazhar als Kind von seinem Vater hörte: Goha, der arabische Till Eulenspiegel, zog mit seinem Sohn und einem Esel durch die Stadt. Der Vater saß im Sattel, der Filius führte das Tier. Bald rief eine Frau: „Wie herzlos! Der arme Junge müht sich ab, während der Vater faul auf dem Esel thront." Beschämt stieg Goha ab und ließ seinen Sohn aufsitzen. Kurz darauf schüttelte ein Mann den Kopf: „Der kleine Pascha reitet, während sein alter Vater laufen muss. Eine Schande!" Daraufhin gingen beide neben dem Esel her. Da lachte jemand schallend: „Wie dumm! Wofür hat man einen Esel, wenn man nicht reitet?" Also ritten Vater und Sohn einträchtig auf dem Tier – bis eine Frau sie wüst als „Tierquäler" beschimpfte. Goha tätschelte das Langohr und sagte zu seinem Sohn: „Was du heute gelernt hast, sollst du niemals vergessen: Hör dir alle Meinungen an, aber entscheide selbst, was du für das Beste hältst. Und lebe damit, dass es unmöglich ist, alle zufriedenzustellen."

Unsere Lösung ist, frei nach Churchill, nicht die beste, aber selbst, falls Sie diesen Kompromiss für faul halten: Versuchen Sie trotzdem, die Lektüre zu genießen.

Aber Vorsicht: Falls Sie noch nie zuvor etwas mit Parasitologie zu tun hatten, werden Sie die Natur danach nie wieder so wahrnehmen wie vorher. Sie ist manchmal bizarrer als jede Fiktion. Willkommen in einer unsichtbaren Weltordnung, die in uns, auf uns und um uns herum seit Ewigkeiten das Sagen hat!

Hans-Peter Hutter und Raoul Mazhar

ParaMatch♡ Parasit sucht Wirt

Plasmodium falciparum, 365.000 Jahre alt

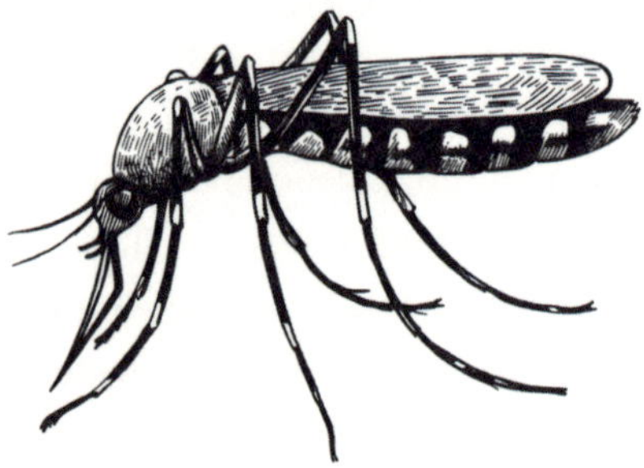

Was ich biete:

Unvergessliche heiße Nächte, regelmäßige Höhepunkte (alle 48–72 Stunden), Halluzinationen ohne Drogen (Delirium de luxe), lebenslange Bindung – Lebensdauer kann variieren

Red flags:

Sichelzell-Träger (zu euch finde ich sowieso keinen Zugang), Chinin-Säufer, Netz-Fetischisten

Über mich:

Liebe es, in warmen Gefilden zu chillen, absoluter Teamplayer (vermehre mich exponentiell), fliege leidenschaftlich, bin anhänglich, glaube an langfristige Beziehungen.

Was ich suche:

Heißblütig, mit einer abenteuerlustigen Leber und einem Immunsystem, das eine Challenge sucht. Du bist bereit für Nächte, die dich an deine Grenzen bringen? Liebe auf den ersten Stich!

PM ✕ ♥ ★

# Kapitel 1 –
# Wie Malaria uns zu Duftbäumen macht

Fragt man Passanten auf der Straße, welche Tiere in Afrika am gefährlichsten für Menschen sind, nennen die meisten Raubkatzen, Büffel und Krokodile. Tatsächlich stehen Giftschlangen auf Platz 2 der Liste, Hunde überraschenderweise auf Rang 3, während Krokodile und Nilpferde erst an achter und zehnter Stelle folgen. Doch nicht Reißzähne und Gift können Menschen den größten Schaden zufügen – viel gefährlicher ist ein einen Millimeter langes, hochspezialisiertes Rohr. Dieses gehört der weiblichen *Anopheles*-Mücke, die jedes Jahr für den Tod von Hunderttausenden mitverantwortlich ist.

Jährlich infizieren sich etwa 175 Millionen Menschen mit *Malaria* – mehr als die Einwohner von Deutschland und Frankreich zusammen. Weltweit sterben rund 600.000 Menschen pro Jahr an dieser Krankheit. Insbesondere Afrika leidet unter dieser Geißel, hier sind 90 Prozent aller Malaria-Toten zu beklagen.

Die Stechmücke ist allerdings nur ein unschuldiger Überträger, ein *Vektor*, wie es in der Parasitologie heißt. Der wahre Übeltäter blieb lange unentdeckt und ist so winzig, dass die Menschen einst den Sumpfdämpfen die Schuld für die Krankheit gaben. Malaria leitet sich aus dem Italienischen ab und bedeutet „schlechte Luft". Der Name stammt aus einer Zeit, als *Malaria tertiana* in den feuchten Gegenden Südeuropas keine exotische Krankheit war. Erst 1970 erklärte die WHO Italien für malariafrei.

Lange tappten die Heiler bei der Behandlung im Dunkeln, bis im 17. Jahrhundert die Jesuiten die Chinarinde nach Europa brachten, was einen therapeutischen Fortschritt bedeutete, aber auch für Verwirrung sorgte. Die Jesuiten waren notorische Geheimniskrämer und man glaubte, sie hätten die Rinde aus Asien importiert. Tatsächlich stammt die Chinarinde aber von Bäumen der Gattung *Cinchona*, die in den Anden Südamerikas, besonders in Peru und Bolivien, wachsen. Der Irrtum entstand durch eine Übersetzungsposse: Das Quechua-Wort (die meistgesprochene indigene Sprachfamilie Südamerikas) *quina* für Baumrinde wurde kurzerhand zu „China" umgedeutet. Also ein linguistischer Kurzschluss, der von den Jesuiten bewusst nicht richtiggestellt wurde und bis heute für Kopfkratzen sorgt.

## Der große Samenraub

Europäische Protestanten standen dem „Jesuitenpulver" zunächst skeptisch gegenüber – schließlich kam es von den Katholiken, und das war verdächtig genug. Doch bald erkannten die europäischen Mächte den Wert dieser Pflanze, die in Südamerika sogar als Währung diente. Die spanischen Kolonialherren bewachten ihr Monopol eifersüchtig, während konkurrierende Mächte Spione entsandten, um Setzlinge zu beschaffen. Ganz nach Konfuzius: „Gib einem Mann einen Fisch und du ernährst ihn für einen Tag. Lehre ihn fischen und du ernährst ihn ein Leben lang." Die Briten, bekannt für ihre Agenten, schickten den Botaniker Richard Spruce, eine Art James Bond der Pflanzenwelt. 1852 durchstreifte er im Auftrag der britischen Krone Ecuadors Natur, um Chinarindensamen zu finden. Als er fündig wurde, versteckte er sie in seiner Kleidung. Gerüchten zufolge nähte er dafür eigens spezielle Taschen in seine Unterhosen – womit Spruce gegebenenfalls nicht nur botanische Geheimnisse, sondern auch die Urform der Boxershorts nach England schmuggelte. Ein Mann, zwei Revolutionen.

Nur wenige Jahre später zog der Engländer Charles Ledger für die Niederlande los, um das grüne Gold zu finden. Ledger war ein

Hasardeur reinsten Wassers – ein Jahrzehnt zuvor hatte er Alpakas, deren Ausfuhr verboten war, nach Australien geschmuggelt. Er trieb die Tiere heimlich über Bolivien und Argentinien nach Chile – ein riskantes Unterfangen, das Jahre dauerte. 1858 feierte man seine Ankunft in Sydney mit 256 Alpakas, Lamas und ihren weniger bekannten Verwandten, den Vikunjas. 1865 kehrte er nach Südamerika zurück und wagte das nächste Abenteuer. Dafür engagierte er den einheimischen Führer Manuel Incra Mamani, einen wahren Baumflüsterer, der jedes Gestrüpp in Bolivien zu kennen schien. Gemeinsam ergatterten sie Samen der *Cinchona ledgeriana* – die nach Ledger benannt wurden, denn koloniale Namensgebung ist kein Paradebeispiel für Fairness. Doch diese Samen waren der Heilige Gral der Botanik: Die Baumspezies enthielt so viel Chinin, dass man beinahe schon beim Vorbeigehen Malaria heilen konnte. Letztendlich wurde die „Chinarinde" tatsächlich in Asien heimisch, als die Briten große Cinchona-Plantagen in Indien und die Niederländer in Indonesien anlegten.

## Ein Flusspferd springt ins Mikroskop

Bereits 1820 isolierten Forscher den Wirkstoff aus der Chinarinde und nannten ihn Chinin. Es blieb lange das wichtigste Mittel gegen Malaria, bis in den 1930er-Jahren synthetische Antimalariamittel wie *Chloroquin* entwickelt wurden, das aber erst nach dem Zweiten Weltkrieg den Weg in die Kliniken fand. Damals zeigten die Europäer noch den Willen, sich gegen die Infektionskrankheit zu stemmen – ein Engagement, das mit dem Schwinden der Kolonien und dem Rückzug der Anopheles-Mücke aus Europa drastisch nachließ. Ähnlich flaut das Interesse der modernen Pharmaindustrie an Krankheiten ab, die sich in arme Länder zurückziehen.

In der zweiten Hälfte des 19. Jahrhunderts geriet die Miasmen-Theorie der schädlichen Dämpfe endlich dorthin, wo sie hingehört:

in den Abort der Wissenschaft. Die *Keimtheorie* löste sie ab, ein Leuchtfeuer der Erkenntnis, denn sie zeigte, dass Erreger existieren, auch wenn man sie (noch) nicht sehen konnte. In dieser neu eröffneten Arena der Mikrobiologie kämpften Robert Koch und Louis Pasteur erbittert um den Ruhm, das nächste krankmachende Bakterium als Erster vor die Mikroskop-Linse zu bekommen.

Ein fiebriger Wettstreit mit grandiosen Durchbrüchen. Gegen Ende des 19. Jahrhunderts konnte die Keimtheorie Erfolge vorweisen: Die Erreger von Cholera, Diphtherie, Milzbrand wurden entdeckt – Krankheiten, von denen man nun erfuhr, dass sie nicht vom bösen Blick der Nachbarin oder vom Verzehr saurer Gurken ausgelöst wurden. Und dann war da noch die Malaria, der Dauerbrenner unter den Plagegeistern. „Muss ja auch ein Bakterium sein", dachten die Wissenschaftler, mit der Selbstsicherheit eines deutschen Fußballers beim Elfmeter.

Charles Louis Alphonse Laveran betrat die Bühne, ein Mann, der sich täglich das Auge am Mikroskop wund rieb. 1880 machte er eine Entdeckung, die die Welt erschüttern sollte – oder zumindest ein wenig in eine bessere Richtung führte. Er fand in roten Blutkörperchen von Malaria-Patienten kleine Organismen. Aber halt! Diese Wesen waren viel zu groß, um Bakterien zu sein. Es war, als würde man ein Meerschweinchen erwarten und stattdessen Flusspferde vorfinden – irgendwie verwandt, aber dennoch eine andere Kategorie. Laveran sah nicht die erwarteten Bakterien, sondern einzellige Lebewesen – sogenannte *Protozoen.*

Revolutionäre wissenschaftliche Durchbrüche stoßen oft auf Missgunst und Neid. Insofern hatte Laveran Glück: Seine Entdeckungen wurden von der gelehrten Gemeinschaft so begeistert aufgenommen, wie ein Wiener Kellner auf die Bestellung eines „großen Filterkaffees" reagiert – nämlich gar nicht. Einige behaupteten sogar, der Franzose habe nur den Abbau des roten Blutfarbstoffs Hämoglobin beobachtet. Doch der hielt an seiner Idee fest und erhielt 1907 den

Nobelpreis für Physiologie oder Medizin. Ein Triumph, der zeigt, dass große Entdeckungen oft aus kleinen Dingen entstehen – oder in diesem Fall: aus mittelgroßen.

Diese Geschichte lehrt uns, dass in der Wissenschaft nicht alles so ist, wie es scheint, ähnlich wie beim Wiener Schmäh, bei dem man oft erst beim zweiten Hinhören merkt, dass man gerade charmant beleidigt wurde. Laverans Arbeit legte den Grundstein für die moderne Malariaforschung und ermöglichte die Entwicklung von Medikamenten.

Zunächst brauchte das Nilpferd am Objektträger aber einen Namen: *Plasmodium*, abgeleitet vom griechischen Wort *plasma*, was „Gebilde" bedeutet. Dies bezieht sich auf die sich im Lebenszyklus ständig verändernde Form der Parasiten, die in verschiedenen Stadien im Blut und in den Zellen der Wirtin auftreten. Wir werden noch lernen, wie typisch das für viele Parasiten ist. Nach Laverans Entdeckung der Plasmodien vergingen drei Jahrzehnte, bis das Malaria-Mosaik endlich zusammengesetzt war.

Wir wollen nun den Infektionsweg der Malaria näher betrachten, da er typisch für einen Parasiten ist. Allerdings stellen wir ihn vereinfacht dar und verzichten auf die detaillierte Beschreibung der vielen Zwischenformen des Erregers. „Ich weiß, das klingt alles sehr kompliziert", um einen ehemaligen österreichischen Bundeskanzler zu zitieren.

## Draculas Rüssel ist ein Rolls-Royce

Wir starten in sumpfigen, warmen Gewässern. Dort schwirren Mücken umher und legen pro Individuum bis zu 200 Eier. Das Wasser dient den geflügelten Mini-Terroristen als Brutstätte; doch auch in den Körpern der Insekten gedeiht etwas, allerdings Artfremdes. In ihrem Inneren fühlen sich Plasmodien wohl und vermehren sich zu Tausenden. Doch scheinen die Parasiten zu wissen, dass ihre Zweiflügel-Wohnung bald zu eng wird und Mücken nicht ewig leben. Also kümmern sich die reifen Erreger, die wir *Sporozoiten* nennen, um die Erhaltung ihrer Spezies und wandern in die Speicheldrüsen. Dort verharren sie, bis die weibliche Anopheles zu einem hungrigen Monster wird, dem nach Blut dürstet.

Die Weibchen erkennt man an den langen Tastern – ein modisches Accessoire, das ihnen einen Hauch von Eleganz verleiht. Doch lassen wir uns nicht täuschen: Diese Ladys haben stets ein Ziel und suchen bevorzugt in den Nachtstunden nach Blut, wenn der Mensch sich in der trügerischen Sicherheit seiner Bettdecke wiegt.

Der Saugrüssel der Stechmücke ist ein Wunderwerk. Während die Mundwerkzeuge sägend und diskret vorankommen, verabreicht die Mücke ihren Opfern einen Cocktail, der die Blutgerinnung verhindert und die Schmerzrezeptoren betäubt. Mit anderen Worten: Sie versetzt uns in einen lokalen Mini-Narkosezustand, um in Ruhe zu speisen – was die Frage aufwirft, warum die Mücke nicht längst als medizinisches Vorbild gilt. Wäre es nicht fantastisch, wenn der Gedanke an die nächste Spritze oder Zahnbehandlung nicht mit Angstschweiß verbunden wäre? Doch im Gegensatz zur Zahnärztin hängt das Überleben der Mücke eben davon ab, dass sie sanft an unser Blut kommt.

Der Saugrüssel der Anopheles gilt unter Biologen als der Rolls-Royce unter den Mundwerkzeugen. Lang, schlank und multifunktional, nimmt er chemische und thermische Reize wahr. Das Insekt zapft damit nicht nur seine Opfer an, sondern ortet diese auch. Wird die Mücke fündig, sticht sie nicht blindlings zu; vielmehr folgt der Rüssel wie eine zielsuchende Rakete den Signalen und findet den kürzesten Weg zum Blutgefäß. Gewiss, die Mücke ist ein Meisterwerk der Natur – eine Symphonie aus Anmut und Zartheit. Doch hinter dieser perfekten Fassade verbirgt sich ein Bioterrorist mit einer tödlichen Fracht.

## Der Leber platzt der Kragen

Aus dem Speichel des geflügelten Schmarotzers stürmen Sporozoiten in unsere Blutbahn und in die Leber, die größte Drüse unseres Körpers. Dort mutieren sie zu Torpedos und dringen in die Leberzellen ein. Das Unheil nimmt Fahrt auf: Die *Leberschizonten* vermehren sich wie besessen ungeschlechtlich, indem sie identische Kopien ihrer selbst erzeugen. Hier agiert ein Parasit, der überzeugt ist, dass Masse über Klasse siegt. So entstehen mehr *Merozoiten*, bereit für den nächsten Feldzug. Die Leberzellen platzen bald wortwörtlich aus allen Nähten und die Merozoiten fluten ins Blut, wo sie ihre neue Heimat in den roten Blutkörperchen finden. Dort wiederholt sich das Schauspiel. Einzug, Vermehrung, Explosion. Die Erythrozyten bersten, die Parasiten sind frei für die nächste Runde der Verwüstung.

Kein Organismus verkraftet es, wenn in seinem Inneren ständig Zellen explodieren. Hämoglobin, der rote Farbstoff der Erythrozyten, wird freigesetzt, seine Abbauprodukte alarmieren das Immunsystem. Es kommt zu Entzündungsreaktionen, die heftige Fieberschübe auslösen. Da sich die Merozoiten gleichzeitig ins Blut ergießen, treten regelmäßig abgestimmte Fieberattacken auf, typisch für die verschiedenen Malaria-Arten: Die seltene *Quartana* (*Plasmodium malariae*) und die *Tertiana* (*Plasmodium vivax*, einst Europas Hausparasit und *Plasmodium ovale*) verlaufen milder. Zumindest im Vergleich zur *Tropica* (*Plasmodium falciparum*), ihrer „bösen Schwester“ aus Afrika, wirkt die europäische Form wie ein harmloser Schnupfen.

An diesem Punkt der Infektion zeigt sich die zerstörerische Fratze der Malaria, die den gesamten Organismus attackiert. Wiederkehrende Fieberanfälle, begleitet von Schüttelfrost und starkem Schwitzen, Kopf- und Muskelschmerzen sowie Erbrechen zermürben den Körper. Die hohen Temperaturen schädigen die Organe. Die Komplikationen folgen auf dem Fuß: Anämie, Gelbsucht, Koma. Besonders die Tropica-Malaria endet unbehandelt in etwa 20 Prozent der Fälle tödlich. Besonders gefährdet sind Menschen mit geschwächtem Immunsystem und Kinder. Es ist tatsächlich erschütternd, dass drei Viertel der Verstorbenen Kinder unter fünf Jahren sind.

## Keine dicke Lippe riskieren

In der Parasitologie unterscheidet man zwischen Zwischenwirtin und Endwirtin. Die Zwischenwirtin beherbergt die unreifen Entwicklungsstadien des Parasiten – gewissermaßen die Kinderstube. Die Endwirtin hingegen ist der Ort, wo die erwachsenen Parasiten ihre Fortpflanzung vollziehen. Hier schließt sich der Kreislauf, hier beginnt die nächste Generation. Manche Parasiten sind dabei erstaunlich wählerisch.

Die Malaria-Erreger degradieren den Menschen, ähnlich dem Pausenclown in einer Zirkusvorstellung, zur Zwischenwirtin. Die umjubelten Trapezkünstler in der Manege sind indes die *Gametozyten* – die Aussteiger unter den Merozoiten. Diese Geschlechtszellen des Parasiten haben das Blutkörperchen-Abschlachten hinter sich gelassen und wechseln die Laufbahn: Statt weiter zu zerstören, stimmen sie nun das „Sag zum Abschied leise Servus“ an, während sie im Blut kreisen und auf die nächste hungrige Mücke warten. Doch warum besucht der Parasit den Menschen, bevor er zur Mücke zurückkehrt?

Nun, die Gametozyten im Blut sind das Liebespaar des Parasitenreichs. *Mikrogametozyten*, die galanten Romeos, und *Makrogametozyten*, die holden Julias, die sich nach der Blutmahlzeit der Mücke in deren Darm treffen. Ein unkonventionelles Date, aber Liebe geht bekanntlich durch den Magen. Die Gametozyten sind die Spermien und Eizellen der Plasmodien, die in den Mücken zu einer Zygote verschmelzen. Die nächste Generation ist geboren und startet den Kreislauf neu.

Ein weiterer Grund für die Wanderlust der Plasmodien ist schlicht der Platzmangel. Man kann aus einer Mücke eben keinen Elefanten machen. Daher hat der Parasit beschlossen, Menschen(affen) als Erweiterung der Hotelkette zu installieren, eine Art Hostel mit fragwürdiger Hygiene, aber bei der Fortpflanzung ist man zu Kompromissen bereit.

Außerdem wäre da noch die leidige Sache mit der genetischen Vielfalt. Man kennt das ja aus der jüngeren menschlichen Geschichte: Zu viel Inzucht führt zur Habsburger-Lippe. Also schicken die Parasiten ihre Nachkommen auf Wanderschaft, in der Hoffnung, dass sich das Erbgut regelmäßig durchmischt. So tummelt sich die Brut im Blut, vermehrt sich und freut sich auf die Rückkehr zur Mücke.

Puristen mögen bei diesem Aufwand nur den Kopf schütteln. Einfacher wäre es, die Gametozyten direkt von Mücke zu Mücke zu übertragen – ähnlich wie *Treponema pallidum*. Der Erreger der Syphilis bleibt dem Menschen zwar treu, zeigt sich jedoch entzückt, wenn seine Wirtin es mit der Treue weniger genau nimmt.

Forschungen zeigen, dass Parasiten nicht nur Verwandlungskünstler innerhalb ihrer Entwicklung, sondern auch evolutionären Experimenten aufgeschlossen sind. Der Mensch wurde erst vor Zehntausenden Jahren zum Opfer. Zuvor traf es Gorillas, die zwar an Malaria erkranken, aber weniger leiden als ihre felllosen Verwandten. Das Plasmodium suchte unter dem tropfenden Blätterdach des Regenwalds ein gemütlicheres Zuhause. In einem visionären Moment wählte der Parasit einen radikalen Wandel: den Artensprung. Ein kleiner Flug für die Mücke, ein großer Sprung für den Parasiten. Homo sapiens, oft Ziel evolutionärer Gemeinheiten, wurden zu neuen Zwischenwirten. Im Vergleich zum Gorilla bot der Mensch nur eine geringe intellektuelle Verbesserung und war charismatisch eher ein Abstieg, aber immerhin konnte er sich bei Regen in Lehmhütten verkriechen.

## Ein Leuchtturm des Duftes

Eines muss man parasitären Kreisläufen lassen: Sie sind für die meisten Beteiligten unbequem, aber stets effizient und ideenreich. Die Evolution strebt über Äonen von Generationen nach Perfektion. Vor einigen Jahren entdeckten Wissenschaftler Erstaunliches: Ein Parasit manipuliert höher entwickelte Arten mit verblüffender Raffinesse. Stellen Sie sich vor, Sie stünden hungrig vor zwei Bäckereien. Beide locken mit feinstem Gebäck in der Auslage, doch nur eine verbreitet den Duft frischen Brotes. Ihre Wahl wäre klar. Genau diesen Trick nutzt das Plasmodium. Es verwandelt den menschlichen Körper in einen olfaktorischen Leuchtturm für Moskitos. Forscher untersuchten dies an Mäusen – die vermutlich nicht gefragt wurden, ob sie Lust auf Parfüm-Experimente haben: In der infektiösen Malaria-Phase (dem Gametozyten-Stadium) verströmen infizierte Mäuse mehr und stärkere Duftstoffe als gesunde. Diese chemischen Signale wirken wie ein blinkendes Neonschild für Moskitos: „Frisches Blut – jetzt zum halben Preis!" Besonders perfide: Diese Manipulation tritt auf, wenn die Mäuse noch putzmunter aussehen, aber bereits wandelnde Parasitenschleudern sind.

Solche Erkenntnisse sind aber nicht nur skurril, sondern auch nützlich. Entschlüsseln wir die chemischen Signale, könnten wir sie blockieren – mit Insektensprays oder Mückenfallen, die endlich einmal funktionieren. Die veränderten Duftstoffe könnten auch als Biomarker dienen, um infizierte, aber symptomfreie Menschen zu identifizieren. Ein entscheidender Schritt im Kampf gegen Malaria.

Am Ende bleibt die Frage: Wer manipuliert wen besser? Wir, die selbst ernannte Krone der Schöpfung, glauben, alles im Griff zu haben – bis ein blinder, hirnloser Einzeller uns vorführt. Während wir über Künstliche Intelligenz und Fusionsenergie nachdenken, zeigt uns das Plasmodium, dass wir nicht einmal unsere eigene Ausdünstung kontrollieren können.

ParaMatch♡ Parasit sucht Wirt

## Mitochondrium, 1,5 Milliarden Jahre

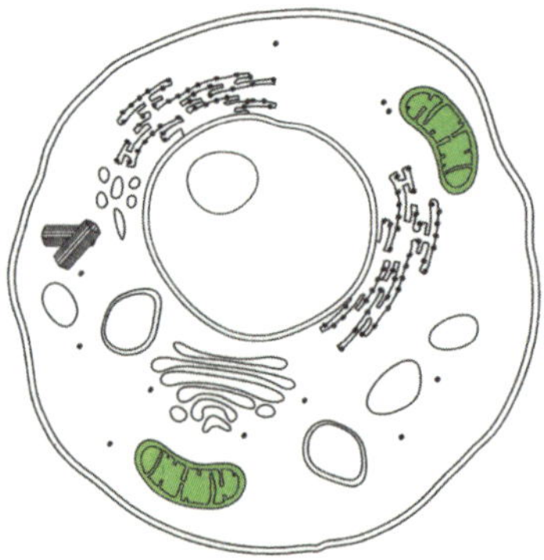

**Was ich biete:**

Energie! Vom morgendlichen Kaffee bis zu deinen nächtlichen Eskapaden, Co-Abhängigkeit, die sich wie wahre Liebe anfühlt, ein Familienerbstück mit Ewigkeitsgarantie!

**Red flags:**

Anaerobe Typen, die keinen Sauerstoff vertragen, Kontrollfreaks, die alles selbst machen wollen.

**Über mich:**

Ich habe meine wilde, unabhängige Phase hinter mir und mich für ein exklusives Innenleben entschieden. Bin sehr familienorientiert und habe mein eigenes kleines Reich (DNA), in dem meine Regeln gelten.

**Was ich suche:**

Komplex, vielschichtig, mit Sinn für innere Werte. Du bist bereit, dich auf eine langfristige Beziehung einzulassen? Ich bringe die Power, du die Hülle. Lass uns gemeinsam Geschichte schreiben.

PM

# Kapitel 2 – Am Anfang war kein Ei

Die Frage, ob zuerst die Henne oder das Ei da war, steht entgegen landläufiger Meinung gar nicht auf der Liste der großen wissenschaftlichen Rätsel. Tatsächlich glauben die Gelehrten nicht an selbstlegende Eier. Aber ehrlich: Wen interessiert schon das Frühstück, wenn es um das größte Drama der Evolutionsgeschichte geht? Die eigentliche Weiche wurde bei einer ganz anderen Entscheidung gestellt: Deutlich faszinierender ist nämlich die Frage, ob zuerst das Fressen oder das Einschleichen da war.

In Wahrheit entschied eine fast winzig anmutende Begebenheit irgendwo im Ur-Ozean die zufällige Geburt der modernen Zelle. Jeder, der solche Zellen besitzt – und das sind wir alle, von der Amöbe bis zum Menschen –, gehört damit zum exklusiven Club der sogenannten *Eukaryoten*. Das Besondere an diesen Zellen: In ihrem Inneren thront der Zellkern wie ein Altar und in ihm steckt der Masterplan für (fast) alles. Bei uns Menschen sind das über 20.000 Gene, genug Bauanleitung, um den gesamten Organismus 1:1 nachzubauen – das Klonen lässt grüßen.

Doch was macht dieses „Lebensskript" den ganzen Tag? Es dirigiert eine komplexe Maschinerie: kopiert die DNA und verteilt ihre Anleitung an allerlei *Zellorganellen*, die dann Proteine, Lipide und andere lebenswichtige Stoffe fabrizieren. Die *Ribosomen* in der Zelle sind kleine Eiweiß-Fabriken und der *Golgi-Apparat* ist ein sortierfreudiges Versandlager, das Proteine und Lipide verpackt, bevor sie – wie Pakete von der Post – ihre Reise durch Zellen und Körper vollziehen. Doch jede Manufaktur braucht Energie. Hier kommen die *Mitochondrien* ins Spiel: Unsere persönlichen Kraftwerke, die aus Zucker und anderen Nährstoffen das ATP (*Adenosintriphosphat*) zaubern, nichts Geringeres als die universelle Energiewährung der Zelle. Die Energie, die wir für alles brauchen, das uns wichtig ist, vom Kreuzworträtsel-Lösen bis zum Zehennägel-Schneiden. Hierfür benötigen die Mitochondrien Sauerstoff. Genau das ist der Grund, warum wir – abgesehen von Apnoetauchern – nicht länger als zwei Minuten unter Wasser meditieren können. Das Abgas, das bei diesem Prozess entsteht, wird einfach ausgeatmet: Kohlendioxid.

## Eine Mahlzeit, die den Planeten prägte

Dabei war unsere Erde nicht immer ein Paradies für Sauerstoff-Fans, denn die urzeitlichen Zellen bevorzugten die *anaerobe*, also die sauerstofffreie Energiegewinnung. Was vor allem daran lag, dass es kaum Sauerstoff gab. Dann, vor rund 2,5 Milliarden Jahren, drehte eine Horde Cyanobakterien (Blaualgen) durch und pumpte Unmengen dieses toxischen Gases in die Atmosphäre. Für die meisten Organismen war das so angenehm wie ein Säurebad. Ein Massenaussterben war die Folge. Allzu laut trauert heute aber niemand mehr darüber, denn dieses evolutionäre Großreinemachen öffnete den Karriereweg für die Eukaryoten. Die hatten nämlich eine Möglichkeit gefunden, mit dem Sauerstoff fertigzuwerden – mit einer antioxidativen Abwehr.

Jetzt kommt die *Endosymbionten-Theorie* ins Spiel, die 1970 von Lynn Margulis und – zumindest im Geist – schon etwas früher, nämlich 1967, von Carl Sagan formuliert wurde: Sie besagt, dass Mitochondrien ursprünglich frei lebende Bakterien waren, die von einem größeren Wirtsorganismus aufgenommen wurden. Zur Frage, wie das Mitochondrium da hineingeraten ist, gibt es zwei Theorien: Die *Phagozytose-Hypothese* – oder die Spekulation des „Gefressen-aber-nicht-verdaut-Werdens" – geht davon aus, dass ein räuberisches anaerobes Bakterium das Mitochondrium heimtückisch verschlang und bis heute nicht verarbeitet hat, es also im Magen liegen geblieben ist. Man könnte diese Zurückhaltung als einen Akt krimineller Höflichkeit interpretieren. Im Gegensatz dazu beschreibt die *Parasitismus-Hypothese* das Mitochondrium als raffinierten Schmarotzer, der sich geschickt in eine größere Wirtszelle einschlich.

Was zunächst wie eine hinterhältige Attacke (egal, von welcher Seite) wirkt, entpuppt sich als ein planetarer Schlüsselmoment: Aus Geisel und Geiselnehmer bzw. Eroberte und Okkupant wurde ein perfektes Team – die biologische Urform von *Im Körper des Feindes*. Dabei machte das vermeintliche Opfer den künftigen „Bodyguard" nicht nur sauerstofftolerant, sondern versorgte ihn großzügig mit Energie in Form von ATP. Diese symbiotische Wohngemeinschaft wurde im Laufe der Jahrmillionen durch regen genetischen Austausch stabilisiert, bis Wirtin und Gast einvernehmlich miteinander verschmolzen. Ein Paradebeispiel für das Stockholm-Syndrom, sehr lange bevor irgendwer überhaupt daran dachte, Stockholm zu gründen.

Diese unfreiwillige Partnerschaft und der Start in die *aerobe* Atmung waren der Jackpot des Lebens. Plötzlich hatten die *eukaryotischen* Zellen ihren eigenen Kraftwerkspark eingebaut und konnten richtig durchstarten. Mit der neuen Energieversorgung wuchsen sie über sich hinaus – wurden größer, komplexer und vielseitiger: endlich Platz für einen ordentlichen Zellkern und allerhand spezialisierte Organellen, die später mal Menschen möglich machen würden.

## Die Raffinerie mit der Lizenz zum Töten

Dafür, dass die Befürworter der Endosymbionten-Hypothese nicht live dabei waren, haben sie erstaunlich schlüssige Indizien parat: So sind die Mitochondrien die einzigen Zellorganellen, die über die Jahrmillionen stur ihre eigene DNA mitschleppen – als würden sie ihren Stammbaum nie aus der Hand geben. Das wäre etwa so, als ob die Leber ihr eigenes Hirn hätte. Zudem besitzen Mitochondrien eine Doppelmembran, was ein weiteres Relikt ihrer parasitären Vergangenheit sein könnte: Die innere Membran ähnelt der einer Bakterienzelle, während die äußere Membran von der Wirtszelle stammt. Ein Überbleibsel des Prozesses, als das Mitochondrium in die Wirtszelle eingeschleust wurde. Diese Architektur könnte als „Tarnung" interpretiert werden: Die äußere Membran „beruhigt" die Wirtszelle, während die innere Membran noch das ursprüngliche bakterielle Erbe feiert. Echte Sturköpfe mit Identitätsbewusstsein.

Die außerordentliche Macht der Mitochondrien zeigt sich in ihrer Nebentätigkeit als Zell-Henker: Die *Apoptose* sorgt dafür, dass alte, fehlerhafte oder störende Zellen gesittet das Zeitliche segnen, anstatt im Körper Amok zu laufen. Ist das Erbgut einer Zelle heillos verhunzt – als wäre die DNA mit einer stumpfen Nagelschere traktiert worden –, übernehmen die Mitochondrien taktvoll die Regie und sorgen für einen würdevollen Exitus ohne viel Aufhebens.

Nachdem die Mitochondrien als Hausmeister des Zell-Universums enttarnt sind, die beim leisesten Verdacht auf Chaos zum „Räumungsverkauf" ansetzen, lohnt sich ein Blick auf deren grüne Kollegen. Denn in der Pflanzenwelt spielte sich vor Jahrmillionen eine ähnliche Migrationswelle ab, nur mit anderen Akteuren und einem unterschiedlichen Jobprofil: Statt Sauerstoffantrieb ging es um den UV-Kraftstoff, sprich Photosynthese.

Irgendwann muss sich eine räuberische Zelle ein photosynthetisches Bakterium geschnappt haben, möglicherweise eine Blaualge mit Solarpanel-Ambitionen, nach dem Motto: „Du kannst Sonnenlicht anzapfen? Dann zieh ein, aber bring gefälligst deine Wäsche selbst in Ordnung!" Daraus entstanden die *Chloroplasten*, die grünen Cousinen der Mitochondrien. Doch während Mitochondrien wie Kohlekraftwerke Sauerstoff verfeuern, arbeiten Chloroplasten umweltfreundlich: Sie schnappen sich Sonnenlicht und $CO_2$, basteln daraus energiereiche Verbindungen wie ATP, wobei sie als Abgas Sauerstoff ausblasen. So wurden Mitochondrien und Chloroplasten zu unersetzlichen Mitbewohnern der Welt, wie wir sie kennen – die einen halten die Tiere am Laufen, die anderen die Pflanzen. Sie sind das Yin und Yang des Lebens und die Voraussetzung, dass wir durchatmen können.

## Google Maps für Genetiker

Dass Mitochondrien ihre eigene DNA mitbringen, schlägt sich naturgemäß in ihrer Vererbung nieder: Die läuft nämlich rein mütterlich ab. Klingt zunächst unspektakulär, ist aber revolutionär. Normalerweise steuern Mutter und Vater je zur Hälfte die Gene bei. Doch bei der Vereinigung von Ei- und Samenzelle heißt es für Papas Mitochondrien: Vielen Dank fürs Mitmachen – wir melden uns! Zwar bringen Spermien ihre eigenen Mitochondrien für das Wettschwimmen zur Eizelle mit, doch nach der Befruchtung räumt die Zelle ordentlich auf. Kurz gesagt: Alle Organellen und Zellbestandteile stammen von der Mutter, während Papas Zellbestandteile verdaut und entsorgt werden.

Dieses Prinzip – Mama liefert nicht nur die halbe DNA, sondern quasi die komplette Grundausstattung – ist keine reine Zell-Intrige, sondern lässt sich auch mit bloßem Auge erkennen. Man muss nur in die Welt der einhufigen Mischwesen blicken:

Ein Maultier (Mutter: Pferd, Vater: Esel) sieht eher wie ein Pferd aus.

Ein Maulesel (Mutter: Esel, Vater: Pferd) hingegen gleicht mehr einem Esel.

Genetisch mögen Pferd und Esel zu gleichen Teilen beitragen, aber die mitochondriale DNA ist die Energieministerin – und die stammt immer aus mütterlichen Gefilden. Das ist nur ein Teil des Puzzles, denn dazu gesellen sich weitere Mama-Extras: etwa die Größe der Gebärmutter und *epigenetische* Einflüsse, also Gene, die sich an die äußeren Umstände anpassen. Die Mitochondrien verstärken die maternale Autorität aber gewaltig, da sie die Regler der Energie-Schaltkreise steuern. Kurzum: Mama bestimmt nicht nur die Richtung, sondern liefert darüber hinaus die notwendige Power.

Die alten Römer brachten es auf den Punkt: „*Mater semper certa est!*“ – bei Mama weiß man, woran man ist. Bei Papa? Da wurde schon damals manchmal diplomatisch geschwiegen. Daher ist die mütterliche Vererbung ein Geschenk des Himmels für die Ahnenforschung. Die mitochondriale DNA (mtDNA) ist ein nahezu unveränderliches Familienerbstück. Während die Kern-DNA bei jeder Geburt wild durchgewürfelt wird wie ein Kartenspiel, bleibt die mtDNA unerschütterlich bei der Stange. Sie wird „in einem Stück“ weitergegeben – höchstens enthält sie mal einen Schreibfehler. Ein bisschen wie die alte Kuckucksuhr: Hier und da ein Kratzer, doch tickt sie seit 1848.

Aber Achtung: Die mtDNA ist eine Mimose. Anders als die robuste Kern-DNA hat sie dürftige Reparaturdienste und wird ständig von Sauerstoffradikalen drangsaliert. (Sauerstoff ist großartig zum Atmen, aber als Molekül benimmt er sich wie ein Hooligan im Fußballderby.) Durch den Vergleich verschiedener mtDNA-Profile können Forscher abschätzen, wann das letzte gemeinsame Familienfest stattgefunden hat. Je mehr unterschiedliche genetische Kratzer, desto länger ist die Verwandtschaft her. Dieser „molekulare Zeitmesser“ – der aus genetischen Spuren die Vergangenheit rekonstruiert – funktioniert wie ein Navi für Ahnenforscher, ein Reise-Atlas der Völkerwanderung.

Die Spurensuche in unserem Erbgut förderte in den vergangenen Jahren vergnügliche Geheimnisse zutage: Unsere Vorfahren und die Neandertaler waren nicht nur Höhlennachbarn, sondern hatten das eine oder andere Techtelmechtel miteinander. Diese prähistorischen Affären haben den Genpool moderner Menschen aufgemischt – vor allem außerhalb Afrikas. Das Sahnehäubchen: Etliche „weiße" Skinheads, die mit aufgeplusterter Brust ihre „Rassenreinheit" feiern, tragen überdurchschnittlich viele Neandertaler-Erbanlagen spazieren. Ausgerechnet die selbst ernannten Verfechter der „reinen Abstammung" sind also biologisch besonders kreativ gemischt. Die Genetik hat wahrlich ihren eigenen Humor.

## Acht Augen? Stacheln? Her damit!

Die Entstehung des Lebens in der Ursuppe war spektakulär! Doch das wahre Feuerwerk begann 1,5 Milliarden Jahre, nachdem die Mitochondrien in ihre Wirtszellen einzogen. „Explosion" für das *Kambrium* ist als gängige Bezeichnung aber vielleicht doch übertrieben. Es war eher ein Feuerwerk in Super-Slow Motion, das sich über zig Millionen Jahre hinzog.

Und was geschah in dieser unverschämt langen Zeit? Sauerstoff trat auf den Plan (Sie erinnern sich an die Blaualgen von Seite 28?), und diese „Große Sauerstoffkatastrophe" machte die Welt bunt. Während die Einzeller in den Resten der Ursuppe dahindümpelten, zündeten die Mitochondrien den Turbo. So begann vor rund 540 Millionen Jahren das Kambrium – eine Orgie der Artenvielfalt! Es war die erste große Brainstorming-Sitzung der Evolution: „Was, wenn wir Tiere mit acht Augen machen? Oder mit Stacheln? Oder mit Stacheln und acht Augen?" Es war chaotisch, es war innovativ, es war wie Silicon Valley in den 1980ern, wenngleich deutlich umsichtiger.

In Südchina gruben Forscher Fossilien von *Brachiopoden*, Verwandte unserer heutigen Muscheln, aus. Während sie einst der Stolz der Meere waren, sind sie heute scheue Eigenbrötler, die sich in die dunklen Ecken der Ozeane zurückgezogen haben. Doch im *Paläozoikum*, das mit dem Kambrium begann, schlürften sie Plankton, als wäre jeden Tag Weihnachten. Bis röhrenbewohnende *Kleptopa-*

*rasiten* auftauchten – Schmarotzer, die sich an ihre Schalen klemmten und den Futterstrom anzapften. Wie Nachbarn, die heimlich das WLAN mitnutzen, nur hungriger. Diese Parasiten waren die ultimativen Trittbrettfahrer. Sie stahlen ihren Wirten Energie sowie Nahrung, schwächten sie und machten sie – wie Fossilien zeigen – weniger konkurrenzfähig. Heute würde man das als toxische Beziehung bezeichnen: Muschel am Boden, Parasit im siebten Himmel. Doch Vorsicht! Zu gierig durften sie nicht werden, denn ohne die Brachiopoden ging auch den Schmarotzern das Licht aus. Eine Win-Lose-Lose-Situation, bei der die Verlierer die Gewinner mit in den Abgrund rissen.

Sechzig Millionen Jahre später waren einige Muscheln „flügge" geworden. Sie hatten ihre Schalen spiralisiert und sich auf den Rücken geschnallt – die Schnecke war geboren. Im *Devon* vor 420 bis 360 Millionen Jahren wurden einige von ihnen selbst zu Parasiten, die als *Platyceratiden* ihr Unwesen trieben. Ihre Opfer: *Crinoiden*, auch Seelilien genannt. Diese stacheligen Meeresbewohner sahen aus wie Pflanzen, waren aber Tiere. Mit einem Stiel am Meeresboden verankert, filterten sie mit Tentakeln Nahrung aus dem Wasser.

Fossilienfunde belegen, dass sich die Platyceratiden genau dort niederließen, wo die Seelilien ihre Ausscheidungen abgaben. Offensichtlich hatten urzeitliche Feinschmecker andere Vorlieben als zeitgenössische. Man könnte auch meinen, sie hassten Verschwendung, denn der urgeschichtliche Darm ließ womöglich reichlich Nährstoffe durch. Doch die Schnecken übertrieben es. Löcher und Deformationen an den Fossilien belegen, dass sie den Crinoiden buchstäblich „den Arsch unter dem Hintern" wegfraßen. Der deutsche Komiker Otto witzelte einst, bei manchen Fastfood-Ketten sei erstmals in der Geschichte das, was oben reingeht, genauso gut wie das, was unten rauskommt. Irrtum, Otto – das war nicht das erste Mal.

## Was uns Jurassic Park verschwieg

Dann kam das Erdaltertum mit dem Höhepunkt der Dinosaurier-Biodiversität in der Kreidezeit vor 145 bis 66 Millionen Jahren. Damals herrschten die schrecklichen Echsen, Giganten, die vor 240 Millionen Jahren die Bühne der Evolution betreten hatten.

Was Hollywood in seinen Filmen verschweigt: Selbst ein *Tyrannosaurus rex* hatte seine kleinen Probleme. Winzige Quälgeister mit komplizierten Namen plagten ihn, so etwa *Mesophthirus engeli*, der erste bekannte Feder-Parasit, quasi die Filzlaus der Dinosaurier. Wer hätte gedacht, dass selbst der König der Echsen unter peinigendem Juckreiz litt?

Die Paläontologie, sonst auf Knochen fokussiert, erliegt immer mehr der Faszination des Dino-Parasitismus. Mit M. engeli haben sie sogar den Jackpot gezogen: einen direkten Beweis für prähistorisches Schmarotzertum.

Begeben wir uns nach Myanmar und drehen die Uhr um etwa 100 Millionen Jahre zurück. Dort stolziert gerade ein prächtig gefiederter, räuberischer *Theropode* durch die Wälder, ein Urahn unserer Vögel. Ja, richtig gelesen: Raubsaurier sind näher mit Rotkehlchen verwandt als mit Krokodilen – auch wenn das schwer vorstellbar ist. Das heißt, T. rex und ein Huhn könnten theoretisch auf einer Familienfeier am selben Tisch sitzen. („Weißt du noch, damals, als wir die Welt beherrschten?" – „Ja, und heute bin ich ein Chicken Nugget.") Theropode bedeutet „Tierfuß", was ein bisschen unfair ist, wenn man bedenkt, dass sie vor allem ziemlich beeindruckende Zähne hatten. Aber gut, die Paläontologen mussten sich auf etwas einigen und prächtige Beißerchen hatten fast alle Raubsaurier. Doch die Theropoden waren die zweibeinigen Rockstars der Kreidezeit: Sie waren schlank, schnell und hatten eine unstillbare Vorliebe für Fleisch. Vom kleinen, wendigen *Velociraptor* (kleiner, als „Jurassic Park" uns glauben lässt) bis zum furchteinflößenden T. rex, der bewies, dass man sogar mit lächerlich kleinen Ärmchen bis zur

Spitze der Nahrungspyramide aufsteigen kann. Aber das ist nicht alles: Theropoden waren vermutlich die Federpioniere. Ein flauschig gefiederter T. rex? Der könnte wie ein übel gelaunter Truthahn mit Gewichtsproblemen ausgesehen haben. Mit dem Unterschied, dass wir zu Thanksgiving in seinem Magen gelandet wären statt umgekehrt.

Doch zurück zu unserem Theropoden in Myanmar, der mit gefletschten Zähnen seine Runde dreht, während seine Mitsaurier das Weite suchen. Ein Symbol für Stärke und Eleganz. Und plötzlich: Juckreiz! Nicht nur ein bisschen, sondern so vehement, dass es den Fleischfresser schier in den Wahnsinn treibt. Flügellose, flache Insekten mit kräftigen Kiefern nagen an seiner Federpracht: M. engeli ist winzig, kaum größer als ein Sandkorn. Die Antennen der Plagegeister tragen lange, steife Borsten, mit denen sie sich an dem Gefieder festhalten. Wahre Meister der Anhänglichkeit.

Woher wir das wissen? Weil einige dieser Insekten zusammen mit angenagten Dinosaurierfedern in zwei burmesischen Bernsteinstücken konserviert wurden. Ein Glücksfall für die Wissenschaft, denn der Fund lieferte den frühesten bekannten Nachweis für federfressende Parasiten. Das eingeschlossene Urzeit-Gefieder gehörte zu unterschiedlichen Dinosaurierarten, was zeigt, dass diese Parasiten nicht wählerisch waren. Ein Dinosaurier glich für sie dem anderen – Hauptsache, es gab Federn zu knabbern. Die Bernsteine offenbaren nicht nur die Tradition parasitären Lebens, sondern auch die Komplexität urzeitlicher Ökosysteme. Und: Die Dinosaurier waren keine isolierten Giganten, sondern Teil eines lebendigen, wenn auch juckenden Netzwerks des Daseins.

## Krokoklo – Spuren in der Kreidezeit

Direkte Beweise für parasitäre Machenschaften vor so langer Zeit wie in Myanmar sind selten. Die meisten Parasiten haben keine harten Körperteile, sind klein oder leben innerhalb ihrer Wirte, was ihre Fossilisation erschwert. Zudem waren sie perfekt an Wirte angepasst, die heute längst ausgestorben sind. Normalerweise kann man in der Natur beobachten, dass sich völlig verschiedene Tiere ähneln, wenn sie den gleichen „Job" machen – wie ein Hai und ein Delfin. Genauso ähneln sich Reifen verschiedener Marken, weil sie alle auf modernen Straßen rollen. Fossile Parasiten sind aber eher eine bizarr geformte Startkurbel für ein historisches Automobil, das noch von Hand angekurbelt werden musste. Da das Auto längst verschrottet ist, können wir mit dem seltsamen Teil heute kaum noch etwas anfangen. Daher stützen wir unser Wissen zumeist auf indirekte Hinweise wie Fraßspuren oder Knochenveränderungen an den Opfern. Und natürlich auf *Koprolithen*, also versteinerte Hinterlassenschaften. Man kann sich kaum vorstellen, wie begeistert Paläontologen sind, wenn sie heute in Dino-Kot treten. Für sie ist das kein Endprodukt, sondern eine Zeitkapsel. Was fraßen die Dinosaurier? Wie funktionierte ihre Verdauung? Außerdem: Wer lebte in ihren Gedärmen?

Anfangs waren Paläontologen vermutlich enttäuscht, wenn sie statt monströser Knochen nur harten Dung fanden. Doch bald erkannten sie, dass sie damit einen Schatz in Händen hielten. Denn darin enthalten waren die Beweise, dass Parasiten schon vor über 100 Millionen Jahren einen festen Platz im weichen Haufen hatten – und somit Teil des prähistorischen Lebens waren.

Wir reisen nach Las Hoyas, Spanien, zu einer Fossillagerstätte, die einst ein subtropisches Eldorado war. Ein Paradies allerdings nur für jene, die gelegentliche Wurmbesuche nicht aus der Bahn warfen. Dort entdeckten Forscher in den 1980er-Jahren exakt 29 versteinerte Exkremente. Die mikroskopische Untersuchung enthüllte ein buntes Ökosystem von Parasiten, die sich in den Därmen urzeitlicher Kreaturen niedergelassen hatten. Genau genommen waren es vor allem Eier von Saug- und Fadenwürmern.

Diese Hinterlassenschaften erzählen vom Fressen und Gefressen-Werden, von infizierten Fischen und krokodilartigen Wesen mit robuster Verdauung. Eine der Proben, elegant zylindrisch geformt, als hätte die Natur gerade Toilettenpapierrollen erfunden, stammte von einem urzeitlichen Krokodil. Darin fanden sich *Ascarididen* – Würmer, die bis heute Reptilien plagen. Sie sind die biologischen Gegenstücke zu Spam-Mails – lästig, hartnäckig und allgegenwärtig. Ihr Lebenszyklus gleicht einer turbulenten Achterbahnfahrt: Eiablage im Darm, Verbreitung im Wasser, Aufnahme durch kleine Fische oder Krebstiere und schließlich die unfreiwillige Reise des infizierten Fisches in einen Krokodilmagen.

Ein weiterer Haufen in Spanien, buckelköpfig geformt, dürfte einem Fisch Erleichterung verschafft haben. Heute versetzt er Parasitologen in Ekstase, denn in ihm fanden sich Eier von schmarotzenden Saug- und Rundwürmern. Diese Parasiten nutzten Fische als Zwischenwirte, bevor Räuber sie verschlangen – eine Karriere wie in der Kreislaufwirtschaft, nur dass niemand befördert wird.

## Pharao Leonardo

Vor etwa 76 Millionen Jahren streifte ein *Brachylophosaurus*, später Leonardo getauft, durch die üppigen Auen der heutigen Judith-River-Formation, einer Gesteinsschicht aus der Kreidezeit im heutigen Montana, USA. Warum der Name? Vielleicht, weil Bob den Paläontologen zu banal erschien. Und Leonardo sollte noch berühmt werden. Doch so klangvoll sein Name sein mag, sein Leben war wohl weniger glamourös.

Leonardo gehörte zu den *Hadrosauriern*, einer friedfertigen Familie pflanzenfressender Dinosaurier. Mit flachem Knochenkamm und schnabelförmigem Maul zupfte er Farnwedel und Zweige von den Büschen – ein idyllisches Bild, wäre da nicht Anarchie in seinem Inneren gewesen. Denn sein Verdauungstrakt glich einem schlecht geführten Mietshaus, in dem Würmer die Hausordnung diktierten. Parasiten wüteten in seinen Eingeweiden und nagten an allem, was nicht niet- und nagelfest war.

Leonardo starb, wurde von Sedimenten bedeckt und geriet für Millionen Jahre in Vergessenheit. Im Jahr 2000 entdeckte man seinen außergewöhnlich gut erhaltenen Kadaver – und ein Geheimnis. Denn Leonardo hatte uns, wie sein Namensvetter aus der Renaissance, ein Kunstwerk hinterlassen. Als Forscher seinen fossilen Darm untersuchten, fanden sie schmale, gestreifte Gänge, kaum 300 Mikrometer breit. Zunächst hielt man die Muster für zufällige Spuren. Doch bei genauerem Hinsehen stellte sich heraus: Diese Linien, eingebettet in die versteinerten Reste von Leonardos letzter Mahlzeit, stammten nicht vom Verfall, sondern vom Leben.

Die Spurenstruktur verrät die Übeltäter – vermutlich *Helminthen*, parasitäre Faden- oder Saugwürmer, die den Saurier zu Lebzeiten terrorisierten. Sie wuchsen mit ihm auf, gründeten Familien in seinen Eingeweiden und hinterließen Abdrücke, die Millionen Jahre überdauerten. Doch Leonardo hatte der Wissenschaft noch mehr zu bieten. Sein Kadaver ist der Tutanchamun der Dinosaurier – mumifizierte Hautfetzen und die unberührte Körperlage verraten, dass weder Aasfresser noch das Klima an ihm genagt haben. Er sank offenbar sanft ins Erdreich und wurde dort über Jahrmillionen in Ehren gehalten. Diese Luxus-Konservierung beweist: Die Würmer waren keine posthumen Gäste, sondern lebenslange Mitbewohner. Während Leonardo nervös nach Raubsauriern Ausschau hielt, zermürbten ihn Eindringlinge. War er geschwächt? Zehrten die Parasiten seine Lebenskraft auf? Oder war er einfach ein typischer Dino seiner Zeit, der mit ungebetenen Untermietern klarkommen musste? Wir können nur spekulieren. Fest steht: Leonardos Vermächtnis zeigt, wie ein urzeitlicher Koloss uns noch heute Kopfzerbrechen bereitet und dass die kleinsten Gegner mitunter die hartnäckigsten sind.

## Moonwalk mit dem König

Betrachten wir die Schrecklichste aller Echsen: den T. rex, ein Muskel-Beißer-Konglomerat, das mit donnernden Schritten durch die Landschaft der späten Kreidezeit stampfte, vermutlich dauergrantig, weil er sich mit seinen Ärmchen nicht einmal am Kopf kratzen konnte. Der König der Dinosaurier musste sich nur vor hungrigen Artgenossen und dem Himmel fürchten, der ihm auf den Kopf fallen könnte – was sich später tatsächlich als verhängnisvoller Karriereknick erweisen sollte. Doch T. rex hatte einen unsichtbaren Feind: einen mikroskopischen Parasiten, der heute noch Vögel heimsucht und eine schicksalhafte Verbindung zwischen den Urzeitkönigen und ihren zwitschernden Nachfahren offenbart.

Die Wissenschaft enthüllte, dass die Läsionen im Unterkiefer einiger Tyrannosauriden – darunter Sue, eines der berühmtesten Fossilien, auf das wir gleich noch zurückkommen – nicht von Kämpfen stammen. Sie ähneln vielmehr den Schäden, die *Trichomonas gallinae* verursacht, ein einzelliger Parasit, der Dino-Schlunde zu seinem eigenen Spielplatz umwidmete. Wir kennen sein zerstörerisches Werk nur allzu gut aus der Vogelkunde. Trichomonas benötigt nur eine Wirtin, um sich zu vermehren. Die Infektion beginnt, wenn ein Vogel kontaminierten Kot, Wasser oder Futter aufnimmt, das den Parasiten enthält.

Doch bevor wir uns in biologischen Details verlieren, werfen wir einen Blick durch das Mikroskop: Trichomonas gallinae wirkt etwas durcheinander – mit wild wedelnden Geißeln. Mit diesen *Flagellen* bewegt sich der Parasit flink, wenn auch etwas taumelnd, als ob er beschwipst den Moonwalk macht.

## Die VIP-Lounge der Vogelverdauung

Trichomonas liebt Tauben – umgekehrt kann ihm auch ein Großteil der Stadttauben nicht widerstehen. Aber auch Grünfinken, Papageien und Greifvögel erliegen seinem Charme. Dringt Trichomonas in den Vogelkörper ein, besiedelt er Schnabel, Rachen und Kropf – die VIP-Lounge des Verdauungstrakts, wo die Stimmung extra bakteriell ist. Dort vermehrt er sich rasant durch Zellteilung, was gelbliche Läsionen im Mund hervorruft, die wie kleine Knöpfe wirken. Kanarienvögel könnten sich theoretisch freuen, dass sich ihr Inneres dem Äußeren angleicht – wären da nicht die Nebenwirkungen. Die gelben Ablagerungen (*Plaques*), die der Parasit hinterlässt, entstehen durch seine massive Vermehrung. Sie blockieren den Verdauungsweg, erschweren das Schlucken und führen schließlich zu Gewichtsverlust oder gar zum Hungertod.

Trichomonas gallinae verbreitet sich rasend schnell, vor allem dort, wo viele Vögel zusammenkommen – etwa an Futterhäuschen und Vogeltränken. Es beginnt, sobald ein infiziertes Tier auftaucht und die Parasiten im Wasser hinterlässt. Andere Vögel nehmen den Keim auf und der Kreislauf startet von vorn. Es ist ein biologisches Schneeballsystem ohne moralische Skrupel und dem Prinzip: Je mehr mitmachen, desto größer wird die Lawine.

Deshalb ein Appell an alle Besitzer eines Vogelhäuschens: Wenn Sie den Federbällen wirklich helfen möchten, sorgen Sie für blitzblanke Futterstellen und säubern Sie die Tränken häufiger – idealerweise so, wie Sie sich wünschen, dass öffentliche Toiletten gereinigt werden.

Wenn nun aber aufopfernde, mit dem Parasiten infizierte Elternvögel ihre Jungen mit der Kropfmilch füttern, versorgen sie diese unabsichtlich mit einem tödlichen Dessert. Es ist rührend und grotesk zugleich: „Guten Appetit, mein Schatz – und viel Glück mit dem Familienfluch!" Ein Akt der Zuneigung, der nahtlos in eine Katastrophe übergeht. Elternliebe kann mitunter nach hinten losgehen.

Trichomonas ist ein Maestro der Anpassung. Seine aktiven Formen, die *Trophozoiten*, bewegen sich mit ihren Geißeln gezielt im

Verdauungstrakt, um ideale Bedingungen für ihre Vermehrung zu finden. Diese Mobilität macht den Einzeller zu einem gefährlichen Gegner, der sich über Jahrmillionen beweisen konnte. Aber warum entwickelt der Parasit keine Strategie, seine Wirten zu schonen? Obwohl Trichomonas *monoxen* ist, also keinen Wirtswechsel benötigt, zeigt er sich gnadenlos. Stirbt der Vogel, verabschiedet sich der Parasit ohne Bedauern. Er mutiert dann vom Untermieter zum Überlebenskünstler, harrt je nach Umgebungsbedingungen in der Natur aus und wartet auf den nächstbesten aasfressenden Vogel, um eine neue gelbe Phase einzuleiten.

Sollten Sie je das Field Museum in Chicago besuchen, begegnen Sie dort der bemitleidenswerten Sue – einem weiblichen T. rex, die zuletzt einen gehörigen Mordshunger verspürt haben muss. Ihre Kieferknochen zeigen Blessuren, die deutlich machen, dass selbst die furchterregendsten Rüpel der Kreidezeit vermutlich von winzigen Querulanten zu Fall gebracht wurden. Sue ist kein Einzelfall; auch andere fossile Exponate tragen die Spuren der Trichomonose. Wie genau sich der Parasit unter den fleischfressenden Giganten verbreitete, bleibt ein Rätsel: War es Kannibalismus, gemeinschaftliche Saufgelage an verseuchten Tümpeln? Oder archaische Revierkämpfe? Hier können wir nur spekulieren.

Während T. rex schließlich das Zeitliche segneten, flattern ihre gefiederten Nachfahren heute durch unsere Städte und verbreiten dabei immer noch dieselben Parasiten wie einst. Wir mögen die mächtigen Raubsaurier als unbezwingbare Herrscher der Vergangenheit wahrnehmen, doch selbst Könige erleben schlechte Tage – oder, wie im Falle Sues, desaströse Kieferläsionen. Die Moral dieser evolutionären Anekdote? Unterschätzen Sie niemals einen Gegner, nur weil er kleiner ist als ein Zehntel Ihrer Zahnlücke.

## Die Duftnote der Ewigkeit

Bereits der friedliche Leonardo bewies, dass sich die mikroskopischen Plagegeister leichter in Ausscheidungen nachweisen lassen als in anderen Organen, die ebenso schnell verwesen wie die Parasiten selbst. Folgerichtig, dass Forscher den ältesten bekannten DNA-Strang eines Parasiten ausgerechnet in einer weichen Masse fanden – oder in dem, was davon übrig war. Während die meisten antiken Weltwunder zerbröselten, offenbart ein Kothaufen, dass wahre Beständigkeit mitunter bis zum Himmel stinkt. Außerdem zeigt er, dass Historie nicht immer in Stein gemeißelt sein muss; gelegentlich reicht es, wenn sie gut konserviert ist.

Die nächste Geschichte führt in die südliche Puna Argentiniens, eine karge, windgepeitschte Landschaft. Vor 17.000 Jahren streiften dort bereits Pumas umher. Eine dieser Raubkatzen, ahnungslos, dass sie einmal ein Star der Paläoparasitologie sein würde, hinterließ in einer Felsnische ein kleines Andenken. Jahrtausende später feierten Wissenschaftler den versteinerten Haufen wie den Heiligen Gral – oder zumindest dessen biologische Version. In den mineralisierten Exkrementen entdeckten sie nämlich Eier und Larven von *Toxascaris leonina*, einem parasitären Spulwurm, der sich offensichtlich wenig um die Vergänglichkeit des Lebens schert.

Toxascaris leonina ist die Topstürmerin, die jeder Fußballverein gerne in seinen Reihen hat: Während andere Schnorrer komplizierte Spielzüge mit Zwischenwirten aufführen, dribbelt sie direkt ins Tor – vom Katzenklo in den Katzendarm, ohne Umwege! Das ist ihr Hauptspielzug. Trotzdem hat sie eine zusätzliche Transferstrategie: Sie parkt ihre Nachwuchstalente, die Larven, in sogenannten *paratenischen Wirten* – Mäusen, Ratten, Vögeln oder sogar Regenwürmern. Diese dienen als optionale Ersatzbank, wo die Talente zwar nicht weiterentwickelt werden, aber jederzeit einsatzbereit bleiben. Falls eine Katze oder ein Hund einen dieser „Reservespieler" frisst, wechselt die Larve blitzschnell zum Hauptteam. Ein netter

Bonus, aber kein Muss! So erhöht T. leonina ihre Chancen, ins Finalstadion zu gelangen, ohne auf den komplizierten Entwicklungszyklus anderer Parasiten angewiesen zu sein. Wozu das Ganze? Nun, paratenische Wirte erweitern das Wirtsspektrum und erhöhen die Infektionswahrscheinlichkeit für Endwirte und damit die Verbreitung des schmarotzenden Wurms.

Komplizierte Strategien wie die Manipulation des Wirtsgehirns sind diesen Spulwürmern zu aufwendig. Sie setzen auf einen einfachen Instinkt: Hunger. Hunde und Katzen fressen alles Essbare (oder wenigstens Halb-Essbare) oder lecken zumindest daran. Das freut T. leonina, denn während andere Parasiten durch den Wirtskörper touren, bleiben sie fokussiert und stoppen im Dünndarm, wo sie in die Schleimhaut eindringen. Dort entwickeln sich die Larven weiter, um erwachsen in die Darmröhre zurückzukehren: *Migrent alii parasiti, tu, o felix vermis, mane!* – Wandern mögen andere Parasiten, du, o glücklicher Wurm, bleibe!

Wer den Wurm unter dem Mikroskop sucht, sollte starke Nerven haben: Die „kleinen Schleicher“ sind wahre Giganten – bis zu zehn Zentimeter, etwa so lang wie der Zeigefinger eines großen Erwachsenen. Am Vorderende trägt der Wurm etwas, das wie eine übertriebene Halskrause aussieht – die sogenannten *Zervikalflügel*. Abheben kann er damit nicht, aber gute Stürmer wissen, worauf es ankommt: die beste Position am Spielfeld. Mit seinen „Flügeln“ verhakt er sich in der Darmschleimhaut, saugt Nährstoffe auf und hat so die beste Ausgangsposition zum Eierlegen. Die Nachwuchsspieler verlassen den „Stammverein“ dann weniger glamourös über den Hinterausgang.

## Der Champion, der nie ins Abseits gerät

Das Parasiten-Ei zeigt schon von außen, was es kann: Es ist eine robuste Rettungskapsel, die ihren Inhalt so schützt, dass selbst nach

Jahrtausenden noch DNA-Spuren erhalten bleiben. Die Eischale besteht aus einer komplexen Struktur, die bei allen Spulwürmern (*Ascariden*) ähnlich aufgebaut ist. Drei Schichten schützen die Larve vor Trockenheit, Temperaturschwankungen, UV-Strahlung und Chemikalien. Die äußere Lipidschicht wirkt wie eine wasserfeste Regenjacke, nur klebriger. Die mittlere Chitinschicht erinnert an den Panzer eines Käfers, während die innerste Barriere des Parasiten-Kindergartens als Innenfutter für die Embryonalentwicklung dient. Insgesamt gleicht das Ei einer prähistorischen Tupperware, jedoch ohne der mühselige Suche nach dem Deckel. Diese Eier trotzen den Widrigkeiten des Lebens und widerstehen sogar vielen Desinfektionsmitteln. Dass die Gebilde an Oberflächen haften und dort auf neue Wirte warten, ist das letzte Tüpfelchen punkto Perfektion. Kein Wunder, dass Studien in Teilen Eurasiens bei Hunden Befallsraten von über 50 Prozent festgestellt haben.

T. leonina gilt trotzdem als der Gemütlichere unter den Spulwürmern. Sein Befall verläuft meist mild. Junge Tiere können allerdings Durchfall und Wachstumsprobleme bekommen, sofern die Wurmpopulation überhandnimmt. Wir Menschen können aber beruhigt sein: Dieser Parasit befällt uns nicht. Kein Grund also, panisch vom Sofa aufzuspringen, wenn die Hündin sich mal wieder hingebungsvoll das Fell leckt.

Der versteinerte Puma-Haufen aus Argentinien pulverisiert die bis zu seinem Fund geltende Hypothese, T. leonina sei erst durch domestizierte Hunde und Katzen in ferne Regionen gelangt: Vor 17.000 Jahren hatte der Parasit bereits sein Heimspiel in Südamerika – lange bevor europäische Siedler mit ihren vierbeinigen Mitbringseln den Anpfiff zur Kolonisierung gaben.

Während wir Menschen über den Klimawandel grübeln und verzweifelt versuchen, uns an den letzten schneereichen Winter zu erinnern, bleibt Toxascaris leonina davon unbeeindruckt. Seit den Eiszeiten blieb er seiner Überlebensstrategie treu: abwarten, die passende Wirtin finden und direkt in den Darm einziehen – wie ein Stürmer, der seit Jahrtausenden denselben Trick spielt und trotzdem jedes Mal trifft. Keine Hektik, keine taktischen Revolutionen – nur eiskalte und emotionslose Effizienz. Während sich andere Arten anpassen, evolvieren und dennoch aussterben, bleibt dieser Parasit konstant auf Erfolgskurs. Ein Minimalist in der Biologie-Bundesliga, der das ultimative Ziel nicht aus den Augen verliert: überleben. Nicht die Schnellsten oder Intelligentesten triumphieren am Ende, sondern jene, die am wenigsten Fehler machen. Und in dieser Disziplin ist unser Spulwurm seit Jahrtausenden ungeschlagener Meister.

ParaMatch♡ Parasit sucht Wirt

Enterobius vermicularis, Alter ist geheim

Was ich biete:

Ein unvergessliches Kribbeln. Ich bin extrem familienfreundlich – sozialer Schmetterling. Unsere Liebe kann durch die Luft fliegen. Ein aufgewirbeltes Bettlaken genügt!

Red flags:

Händewasch-Fanatiker, Leute mit kurzen Fingernägeln

Über mich:

Ich bin leidenschaftliche Mutter und werde alles für unsere geschätzten 17.000 Babys geben – wenn es sein muss, auch mein Leben. Manche nennen es Drama, ich nenne es Effizienz.

Was ich suche:

Du arbeitest im Kindergarten? Du teilst gerne (Handtücher, Parasiten) und hast eine entspannte Einstellung zur Hygiene? Perfekt! Swipe right – aber wasch dir danach nicht die Hände.

PM

# Kapitel 3 – Abgesang der weißen Witwen

Steinzeit, irgendwann zwischen Mitternacht und Morgengrauen. Im Schutz einer Höhle im heutigen Utah liegen einige Schläfer, wo sie von den Mammuts träumen, die längst zu Staub zerfallen sind, aber in den Geschichten der Älteren noch leben. Ein einfacher Fellvorhang hält den Frost draußen, die Glut des Lagerfeuers leistet ihren bescheidenen Beitrag dazu. Ein leiser Protest gegen die nahe Wildnis.

Es ist diese seltsame Tageszeit, die weder dem Gestern noch dem Morgen gehört. Die Stunde, in der die Natur ihre Karten offenlegt, ein blutiges Roulette, bei dem die Tiere mit den Reißzähnen die Speisekarte studieren, während die anderen Teil des Menüs sind. Unsere Vorfahren haben sich zu dieser Zeit bereits so weit entwickelt, dass sie sich teilweise aus dem Spiel nehmen konnten.

In ihrer Gemeinschaft haben sie ein zerbrechliches System gefunden, das ihnen erlaubt, die Nacht heil zu überstehen – eine schlichte Version von Gesellschaft. Die Menschen haben sich Komfort geschaffen, jedenfalls für die Verhältnisse vor 10.000 Jahren: Höhlen als Winterresidenz, Sommerzelte aus Tierhäuten – ein zarter Ansatz von Urlaubsdenken. Feuerstellen in urzeitlichen Grotten belegen die ersten Schritte in die sogenannte Zivilisation. Mit Speeren jagte man Hasen, Wasservögel und gelegentlich einen Hirsch. Doch wer denkt, die spannendste Jagd fand ausschließlich draußen in der Savanne statt, hat noch nie einen Blick in die Eingeweide unserer Ahnen geworfen: Die Natur ist eine großzügige Vermieterin – für jede abgelegene Ecke hat sie einen Mieter gefunden, selbst für die verwinkelten Darmschlingen der Menschen. Denn während diese von saftigen Nagetieren träumten, erwachten in ihren Därmen kleine nächtliche Abenteurer. Auch diese mikroskopischen Nomaden waren auf der ewigen Suche nach Nahrung und Unterschlupf. In der verborgenen Welt der Eingeweide herrschte ein eigenes Ökosystem, eine parallele Evolution, die sich unbemerkt von ihren ahnungslosen Wirten entfaltete.

Die Uhr im Wurmland ist auf „Nachtschicht" umgesprungen, und das bringt Leben in eine weiße Wanderin: *Enterobius vermicularis*, das Weibchen des parasitären Madenwurms. Mit der Entschlossenheit einer Bergsteigerin schlängelt sie sich an schläfrigen Darmfalten vorbei, ihr Ziel fest vor Augen: der Ausgang ihres Biotops. Während sie sich mit ihrer spezialisierten Mundkapsel – ausgestattet mit winzigen Lippen – an der Darmschleimhaut festhält, strömen unzählige Artgenossinnen herbei. Sie steht am Anus, am Rand ihrer bekannten Welt, bereit für das Ereignis ihres Lebens: die große Eiablage.

Könnte sie Stolz empfinden, würde sie platzen vor Mutterglück. Denn aus ihrem winzigen Zehn-Millimeter-Körper presst sie etwa 5.000 bis 17.000 Eier – diese Brut ist das Vermächtnis ihrer dahingeschiedenen Partner, denn die Damen, die sich da zum nächtlichen Kränzchen um den Anus versammeln, sind allesamt Witwen. Ihre Männer haben direkt nach der Hochzeitsnacht das Zeitliche gesegnet.

Die Weibchen haben allerdings keine Zeit, diesen Verlust zu betrauern, denn sie sind nicht nur mit der Eiablage beschäftigt, sondern auch mit der Produktion einer Substanz, die beim Menschen teuflischen Juckreiz auslöst. Man könnte nun fragen: Warum provoziert der Parasit seine Wirtin ausgerechnet jetzt, wo er aus dem sicheren Inneren gekrochen ist und praktisch auf dem Präsentierteller sitzt? Die Antwort ist simpel: Es ist ihm egal. Die weißen Witwen haben das perfektioniert, was Philosophen als „existenzielle Gleichgültigkeit" bezeichnen – eine Art biologischen Nihilismus, bei dem das eigene Überleben völlig nebensächlich wird, solange die nächste Generation gesichert ist. Allerdings beschäftigen sich Philosophen normalerweise nicht mit Darmparasiten, es sei denn, sie haben selbst welche – dann wird aus der theoretischen Betrachtung schnell eine sehr juckende, sehr persönliche Angelegenheit.

## Das Jucken an der Spitze des Vesuvs

Das Lebensprinzip der Wurmweibchen ist von bestechender Einfachheit und lässt sich etwa so zusammenfassen: Leben im Darm, Sterben im Hintern. Aber Letzteres zumindest kinderreich.

Madenwürmer leben insgesamt nur wenige Wochen und ihre Reise vom Darm durch den Anus in die Außenwelt ließe sich als das Madenwurm-Äquivalent einer Vulkanbesteigung beschreiben – nur dass dieser feuerspeiende Berg kopfüber steht und aus dunklen, glitschigen Röhren besteht. Das Weibchen ahnt – in welcher Weise auch immer Parasiten Dinge erahnen –, dass ihre Überlebenschancen nach einer 10.000-fachen Geburt ungefähr so groß sind wie die Wahrscheinlichkeit, Pinguine in Hawaiihemden am Nordpol anzutreffen. In der Biologie nennt man dieses Konzept den „reproduktiven Selbstmord" – eine Strategie, bei der sich Organismen maximal für die Fortpflanzung aufopfern, selbst wenn dies ihren eigenen Tod bedeutet. Für das Madenwurmweibchen ist die Eiablage der krönende Abschluss ihres Lebenszwecks. Die Spezies verkörpert die „Lebe kurz, aber intensiv"-Philosophie in Reinform. Allerdings ohne die coolen Teile am Anfang, in der Mitte oder am Ende. Das lässt vermuten, dass von allen Lebewesen die Madenwürmer am meisten von einer Reinkarnation profitieren würden – schließlich haben sie bei einer allfälligen Seelenwanderung die meiste Luft nach oben.

Doch das wahre Genie von E. vermicularis liegt in seiner subtilen Kunst, die Wirtin zu manipulieren. Das Wurmweibchen ist eine talentierte Chemikerin, die in ihrem Todeskampf während der Eiablage ein letztes Meisterwerk braut, das beim Menschen einen diabolischen Juckreiz auslöst: Eine Art „Wurm-Schmiere“ aus Proteinen und Enzymen sorgt nicht nur dafür, dass die Eier bombenfest haften bleiben, sondern wird vom menschlichen Immunsystem auch als fremd erkannt. Und wie wir wissen, reagiert unser Körper ziemlich allergisch auf Unbekanntes und mobilisiert seine Truppen. Die Wurmspezialisten, sogenannte *Mastzellen* und *basophile Granulozyten,* pumpen wie besessen Histamin frei, das die Haut rötet, erwärmt und anschwellen lässt – die perfekte Rezeptur für quälenden Juckreiz.

Und dieser biologische Alarm schrillt nachts fürchterlich laut, weil die Produktion von Cortisol (unserem natürlichen Entzündungshemmer) in der Dunkelheit sinkt, während gleichzeitig die entzündungsfördernden Zytokine Hochkonjunktur haben. Das verstärkt Entzündungsreaktionen und Juckempfindungen in der Ruhephase erheblich. Das raubt uns den Schlaf und offenbart: Parasiten sind Experten im perfekten Timing, allerdings nur aus ihrer eigenen Sicht.

## Romeos tragischer Abgang

Kehren wir zurück in unsere Höhle in Utah, die vor rund 10.000 Jahren weniger ein Fünf-Sterne-Resort als vielmehr eine zweckmäßige Unterkunft war. In der Nähe lag ein See, der einigen indigenen Gruppen seit Generationen das Überleben sicherte – nicht idyllisch, aber ausreichend. Die Bewohner verbrachten ihre Tage mit der Suche nach Nahrung, kämpften gegen Witterung und Raubtiere. Auch die Kinder hatten ihre Aufgaben, gruben nach essbaren Wurzeln und hangelten sich zu den süßesten Früchten empor, um abends erschöpft und ungewaschen auf ihre improvisierten Schlafstätten zu sinken. Nun kratzt sich der Sprössling schlaftrunken am Anus. Seine Fingernägel – ungeschnitten und voll mit dem Schmutz des Tages – werden zu perfekten Transportvehikeln für die winzigen Eier.

Am nächsten Morgen wird dasselbe Kind mit denselben Fingern Beeren pflücken und Nahrung zubereiten – und dabei die mikroskopischen Biobomben großzügig verteilen. Aus Madenwurm-Sicht sind Kinder geniale Sammler: Sie ernten sowohl die eigene „Produktion" als auch das, was andere hinterlassen haben – eine doppelte Ernte für maximale Verbreitung.

Madenwurmeier sind in der Umwelt häufig anzutreffen, das sie erstaunlich widerstandsfähig sind. Sie können unter günstigen Bedingungen tagelang außerhalb einer Wirtin überleben. Irgendwann greifen dann auch Mama oder Papa zu einer Frucht, die ihnen ihr Sprössling stolz darreicht. Ein Moment elterlicher Rührung, der einen Kreislauf am Laufen hält, der seit Jahrtausenden reibungslos funktioniert.

Die Eier enthalten noch keine fertigen Würmchen, sondern klitzekleine Embryonen mit großen Träumen. Nach der oralen Aufnahme beginnt eine wahre Odyssee durch den Magen und dessen 0,5-prozentige Salzsäure, welche die Eischalen perfekt aufweicht. Im Dünndarm werden die ehrgeizigen Embryos zum Leben erweckt, indem Verdauungsenzyme die angegriffenen Eischalen endgültig knacken. Die frisch geschlüpften Larven dringen dann weiter vor: Richtung Dickdarm, der begehrtesten Immobilie der gesamten Parasitenwelt. Aber man muss schon ein geselliger Typ sein, um sich dort niederzulassen, denn im Darm herrscht mehr Getümmel als in ganz New York City.

Im Blinddarm, diesem windschiefen Loft ohne Rundumblick, häutet sich die Brut. Aus zappligen Larven werden pubertierende Teenager, dann vollwertige Erwachsene. Der ganze Reifeprozess dauert etwa zwei bis vier Wochen. Und was macht man, wenn man endlich mündig geworden ist und eine schicke Darmwohnung ergattert hat? Richtig, man sucht die große Liebe! Die findet sich praktischerweise um die Ecke, gleich beim Blinddarm. Nach dem romantischen Stelldichein geben die Romeos allerdings schnell den

Löffel ab und werden mit dem nächsten Stuhlgang entsorgt: ein Dasein, kürzer als die Wartezeit auf einen Termin bei der Augenärztin.

## Parasitenabwehr mit Gottes Segen

Zurück bleiben die weißen Witwen. Trächtig und tödlich entschlossen beginnen sie in der Dunkelheit ihre letzte Reise: hinaus aus dem warmen Darm hin zur Außenwelt. Dort legen sie Tausende Eier ab und hinterlassen den feurigen Abgesang der weißen Witwen.

Wir können heute nur spekulieren, wie man die von Juckreiz ausgelösten Albträume in den Jahrtausenden vor Christus interpretierte. Womöglich als nächtlichen Besuch der Ahnen oder als göttliche Strafe für eine Sünde. Heute studieren wir immer noch Horoskope, statt Orakelknochen zu befragen, dennoch haben wir die Wissenschaft so weit vorangetrieben, dass wir aus 10.000 Jahre altem Kot wie aus einem offenen Buch lesen können (siehe dazu auch Seite 43). Beweisstück A stammt aus der berühmten Danger-Höhle in Utah. Darin fanden Forscher Madenwurmeier völlig makellos konserviert.

Als die Menschen in den frühen Siedlungen der Jungsteinzeit begannen, dichter zusammenzuleben, war die Karriere der Darmwürmer nicht mehr zu bremsen. Archäologische Parasitenfunde zeigen Madenwurmeier in uralten Koprolithen weltweit– von Nordamerika bis Persien. Das deutet darauf hin, dass kein noch so abgelegener Zipfel der bewohnten Welt vor Afterjucken sicher war. Es gab keine Erlösung, nur die süße Genugtuung, dass selbst der mächtigste Häuptling nachts im Bett zuckte wie ein Welpe im Traum.

Frühe Kulturen entwickelten schließlich eher zufällig Hygienevorschriften, die perfekt gegen den nächtlichen Plagegeist gerichtet waren. Mesopotamische Priester wuschen sich beispielsweise die Hände mit Asche, um die Götter zu besänftigen. Was sie nicht ahnten: Sie erfanden damit die erste Anti-Wurm-Kampagne der Menschheitsgeschichte. Rituelle Reinigung war ein Marketing-Gag der Antike, der spirituelle Erlösung geschickt mit Desinfektionsmaßnahmen verband. Deutlich später mischte man die Asche mit Tierfett und nannte das Ergebnis „Seife" – ein revolutionärer Fortschritt! Wer also heute nach dem Toilettengang – hoffentlich – die Hände wäscht, folgt möglicherweise einem mehr als 5.000 Jahre alten religiösen PR-Konzept. Ob im heiligen Ganges, im christlichen Taufbecken oder in der jüdischen Mikwe – rituelle Waschungen waren stets ein Doppelpack: ein intimes Gespräch mit dem Göttlichen und die erste ernsthafte Kampfansage an die Parasiten.

## Wer wäscht den Pontius nach dem Pilates?

Zugegeben, Händewaschen klingt erstmal nach einer Ermahnung von Mutti und nach einer Tätigkeit, die etwa so aufregend ist wie das Trocknen von Farbe. Falsch! Die Welt der sauberen Hände ist ein Kuriositätenkabinett voller tragischer Helden, erfinderischer Zwangsmaßnahmen und Schmutzfinken.

Schauen wir auf den ungarisch-österreichischen Arzt Ignaz Semmelweis. Als er 1847 entdeckte, dass das Desinfizieren der Hände mit Chlorkalk die Todesrate auf der Geburtenstation drastisch senkte, erwartete er Applaus. Stattdessen erntete er Hohn und Spott von seinen Kollegen. Die Herren Doktoren fanden die Vorstellung, sie könnten mit ihren verschmutzen Fingern den Tod von einer Patientin zur nächsten tragen, offenbar so absurd, dass sie nicht im Traum daran dachten, die Hände zu reinigen. Ein perfektes Paradox: Sie wuschen sich die Hände in Unschuld, ohne sie wirklich zu waschen – dabei hätte echtes Händewaschen sie von echter Schuld befreit. Pontius Pilatus hätte das verstanden.

Erst lange nach seinem Tod wurde Semmelweis als Held verehrt. Ein klassischer Fall von „Ich hab's euch doch gesagt", nur leider aus dem Jenseits. Sein Gegenspieler Carl Edvard Marius Levy hingegen –

ein dänischer Arzt, der Semmelweis' Ideen vehement bekämpfte – war zu Lebzeiten hoch angesehen und einflussreich. Heute kennt ihn niemand mehr. Was wiegt schwerer: ein großer toter Heros zu sein, dessen Namen die Nachwelt feiert – oder zu Lebzeiten als Mitläufer gefeiert zu werden, aber als Toter in völlige Vergessenheit zu geraten? Entscheiden Sie für sich selbst!

Wie recht Semmelweis hatte, zeigt sich noch heute deutlich, denn die WHO-Experten schätzen, dass konsequente Händehygiene jedes Jahr zwischen fünf und acht Millionen Menschenleben rettet. Was aber würde er sagen, wenn er wüsste, dass seine Erkenntnis heute geschätzt wird, es aber an der Umsetzung scheitert? Studien zeichnen hierzu ein klares, wenn auch für die Herren wenig schmeichelhaftes Bild: Frauen greifen deutlich gewissenhafter zu Wasser und Seife als Männer. Während die Damenwelt schrubbt, bevorzugen viele Herren beim Klogang die Expressvariante: direkt von der Kabine zur Tür, ohne Zwischenstopp am Waschbecken. Für genau diese Zielgruppe entwickelten Erfinder ein Patent, das man nur als „Hygiene-Gefängnis" bezeichnen kann: Die Toilettentür entriegelt sich erst wieder, wenn man sich für eine bestimmte Zeit die Hände gewaschen hat. Eine kleine, aber offenbar notwendige Lektion in Sachen Körperpflege, dennoch wurde diese Idee nie umgesetzt.

Verlassen wir die Toilette und wenden uns den wahren Keimschleudern des Alltags zu. Man mag es kaum glauben, aber auf einer durchschnittlichen Computermaus tummeln sich rund dreimal mehr Bakterien als auf einem Toilettensitz. Ja, genau, das Ding, auf dem Ihre Hand eventuell erst vor einer Stunde lag, ist voraussichtlich schmutziger als der Ort, den Sie nur mit spitzen Fingern berühren.

Falls Sie jetzt denken, das sei schon der Ekel-Höhepunkt, dann werfen Sie einen Blick auf Ihr Smartphone. Dieses kleine Wunderwerk der Technik, das wir uns ans Ohr halten, mit dem wir essen und das wir sogar aufs stille Örtchen nehmen, spielt in der höchsten

Liga des Bakterien-Sammelns. Wissenschaftler haben die Biotope von 26 Mobiltelefone unter die Lupe genommen: Insgesamt tummelten sich auf diesen Geräten 11.163 Organismen: 5.714 Bakterien, 675 Pilze, 93 Protisten (Amöben und Verwandte), 228 Viren und 4.453 Bakteriophagen (Viren, die Bakterien befallen). Das ist mehr biologische Vielfalt als in so manchem Naturschutzgebiet! Besonders charmant: Die Forscher fanden 2.096 Gene, die für Antibiotikaresistenz zuständig sind. Ihr Handy ist also nicht nur ein Mikro-Zoo, sondern eine Art Bootcamp für Supererreger.

Die gute Nachricht: Solange Sie Ihr Handy nicht weitergeben, ist das Risiko überschaubar. Schließlich sind es größtenteils „Ihre" Keime, die da ihr gemütliches Zuhause gefunden haben. Problematisch wird es erst beim Teilen – Dienst-Handys im Krankenhaus oder Tablets, die von Hand zu Hand wandern. Dann mutiert der harmlose Mikro-Zoo plötzlich zur Keimschleuder mit Turbo-Übertragung. Übrigens gaben 46 Prozent des befragten medizinischen Personals zu, ihr Handy auch auf dem Lokus zu benutzen. Da schließt sich der Kreis zu unserem Toiletten-Thema – und zu Semmelweis' zeitloser Botschaft: Händewaschen ist und bleibt die einfachste Waffe gegen die unsichtbare Welt der Mikroben und Parasiten. Und manchmal lohnt auch ein Wischer über Ihr Display, diesmal aber nicht um peinliche Nachrichten zu löschen, sondern die 11.000 Organismen wegzuwischen, die sich darauf niedergelassen haben.

## Selbstsabotage im Kleinformat

Was unterscheidet aus hygienischer Sicht eine jungsteinzeitliche Siedlung von einem modernen Kindergarten? Gar nichts. Hier wie dort herrscht das gleiche fröhliche Chaos: winzige Hände, die großzügig alles teilen – Spielzeug, Brotkrümel und mikroskopisch kleine Parasiten. Eltern werden nachts von schlaflosen, sich kratzenden Kindern geweckt und Ärzte verschreiben Medikamente gegen einen Gegner, der uns von innen und außen besser kennt, als uns lieb ist.

Eine Meisterdisziplin des Madenwurms ist die sogenannte *Autoinfektion* – oder, um es treffender auszudrücken: Selbstsabotage. Es ist ein biologisches Perpetuum mobile: Man kratzt sich, sammelt dabei Eier ein und steckt sich durch unbedachte Hand-zu-Mund-Kontakte immer wieder selbst an. Minderjährige Patienten perfektionieren diesen juckenden Kreislauf mit einer Beharrlichkeit, die fast schon bewundernswert ist. Aber auch Erwachsene sind dagegen nicht gefeit – sie sind nur diskreter und geschickter im Verschleiern. Die Eier des Madenwurms haften praktisch überall: an Händen, Kleidung und natürlich an Kuscheltieren, welche die Süßen am Wochenende ins Bett der Eltern bringen. Innerhalb weniger Tage kann eine ganze Familie so zum unfreiwilligen Gastgeber-Kollektiv werden. So mühelos wie die Biester ankommen, so hartnäckig kleben sie an ihrem neuen Zuhause.

Es gibt aber eine gute Nachricht: Madenwürmer sind leicht zu diagnostizieren. Die schlechte: Der Prozess ist so glamourös wie eine Prostata-Untersuchung und definitiv kein Social-Media-Moment. Der vor allem unter Eltern berühmte Analabklatsch ist in der Tat nur ein Stück Tesafilm, das beherzt über den Anus geklebt wird. Unter dem Mikroskop offenbart sich dann die unerfreuliche Wahrheit: Hunderte winzige Eier, die nur darauf lauern, ihren ewigen Lebenszyklus fortzusetzen. Ein Anblick, der selbst den härtesten Magen ins Wanken bringt und einen daran zweifeln lässt, ob die Natur wirklich so liebreizend ist, wie man es oft hört.

Eine weitere erfreuliche Nachricht: Es gibt gut verträgliche Medikamente, die diese Parasiten zuverlässig ins Jenseits befördern, wenngleich Resistenzen gegen gängige Wirkstoffe zunehmen. Ärgerlich ist, dass eine überstandene Infektion keinesfalls immun macht. Die gefürchtete Autoinfektion wird dadurch zu einer zermürbenden Angelegenheit, besonders wenn man die Behandlung vorzeitig abbricht und den kleinen Biestern damit eine zweite Chance schenkt. Das größte Hindernis bei der Bekämpfung von Darmwürmern ist nicht deren ausgeklügelte Biologie, sondern – wie so oft – das störrische menschliche Verhalten. Gemeinsam benutzte Handtücher, sträflich vernachlässigte Händehygiene und eine Mischung von Unwissenheit sowie chronischer Unterschätzung des Problems sorgen dafür, dass die Schmarotzer munter florieren.

Trotz aller zivilisatorischen Errungenschaften – von der Kanalisation bis zum Desinfektionsspender – bleibt der Madenwurm ein ungeschlagener Bestseller unter den menschenorientierten Parasiten. Weltweit sind (je nach Quelle und geschätzter Dunkelziffer) etwa 500 bis 800 Millionen Menschen infiziert, Tendenz stabil. Während wir uns rastlos neu erfinden und ständig nach dem nächsten Durchbruch suchen, bleibt der Madenwurm stoisch seinem bewährten Geschäftsmodell treu: keine Zwischenwirte, keine aufwendigen Entwicklungszyklen, keine Marketing-Abteilung. Er setzt schlicht auf grundlegende humane (Fehl-)Verhaltensweisen – und auf seine unschlagbare Fähigkeit, unseren Schlaf zu sabotieren. Und falls Sie sich jemals gefragt haben, was prähistorische Höhlenbewohner und heutige Kindergartenkinder über die Jahrtausende hinweg verbindet? Die Antwort kriecht um zwei Uhr morgens aus dem After.

ParaMatch♡ Parasit sucht Wirt

Trichuris trichiura, 9.000+ Jahre

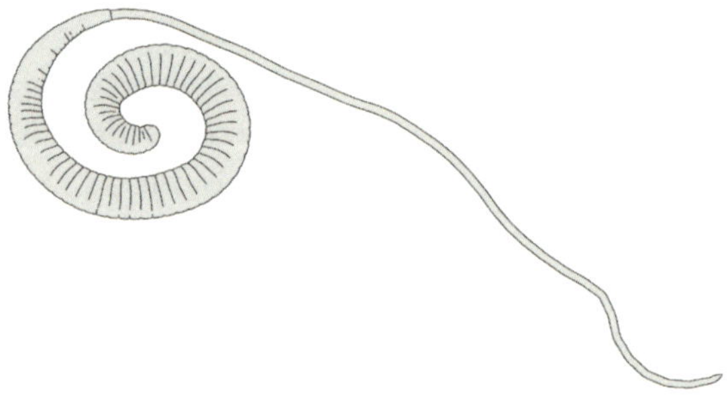

**Was ich biete:**

Ein Stück lebende Geschichte. Du datest nicht nur mich, du datest das Neolithikum. Fruchtbarkeit, die selbst Götter neidisch macht: 20.000 Babys täglich. Jahrelange Treue ohne lästige Zwischenwirte.

**Red flags:**

Leute, mit funktionierender Kanalisation, Pilzsammler, Leute die ihre Fäkalien nicht ordentlich reifen lassen

**Über mich:**

Ich bin hier für die Ewigkeit. Ich bin ein Meister der Immunsystem-Manipulation: deine Abwehrzellen werden so entspannt sein, dass sie Yoga-Kurse geben könnten.

**Was ich suche:**

Du brauchst jemanden, der dich von innen heraus verändert und jahrelang zu dir hält? Swipe right für eine Verbindung, die selbst im Eis nicht endet. Ich bringe die Peitsche, du den Darm.

PM X ♥ ★

# Kapitel 4 – Götter, Geister und Güllegruben

Man könnte meinen, nach über 5000 Jahren hätte ein Mann endlich seine Ruhe verdient. Aber nein, Ötzi, der Mann aus dem Eis und wohl berühmteste Pechvogel der Jungsteinzeit, genießt eine Medienpräsenz, für die ihn so mancher Popstar von heute beneiden würde. Dank akribischer Untersuchungen kennen wir seine Wehwehchen bis ins Detail: eine Litanei des Leidens. Athletisch, keine Frage – aber es war eben auch ein wandelndes Kompendium sämtlicher Gebrechen, das sich da über die Ötztaler Alpen schleppte.

Die Spurenleser der Wissenschaft verorten seinen Ursprung südlich des Brenners. Seine Werkzeuge? Qualitätsarbeit aus einem Steinbruch nahe dem Gardasee. Die Moose an seiner Garderobe? Eindeutig Südtiroler Flora – was darauf schließen lässt, dass er seine letzten Wochen im Schnalstal verbrachte. Wie die meisten seiner Zeitgenossen war er wohl eher ein Talbewohner. Denn mal ehrlich: Wer sucht schon freiwillig die Gesellschaft von Gletschern und schroffen Gipfeln? Doch der Handel, dieser unerbittliche Motor menschlicher Betriebsamkeit, zwang ihn womöglich auf die unwirtlichen Bergpässe. Ein neolithischer Pendler zwischen den Welten.

Sein letzter Weg muss für Ötzi die reinste Tortur gewesen sein. Denn die Liste seiner Beschwerden liest sich wie das Inhaltsverzeichnis einer medizinischen Enzyklopädie: Gelenke verschlissen (Wirbelsäule, Knie, Hüfte – das volle Programm), die Arterien verkalkt, die Lunge staubig (Silikose, der Bergmannsgruß), dazu eine überstandene Brustfellentzündung. Am kleinen Zeh eine Geschwulst, vermutlich Frostbeulen – ein Andenken an kalte Nächte, wie sie auch heutige Alpinisten nur zu gut kennen. Die Zähne? Abgenutzt, kariös, das Zahnfleisch auf dem Rückzug wie eine geschlagene Armee. Außerdem im Gepäck: die von Zecken übertragene Borreliose (der älteste bekannte Fall – noch ein Wettbewerb, bei dem man nicht Gewinner sein möchte) und ein kleiner Magenterrorist, auf den wir noch zu sprechen kommen. Ach ja, und Gallensteine. Man staunt, wie sich dieser Mann überhaupt auf den Beinen halten, geschweige denn klettern konnte.

Als wäre das nicht genug, zierte seine Hand ein tiefer Schnitt, wahrscheinlich eine Abwehrverletzung. Ein stummer Zeuge eines früheren Handgemenges, bei seinem Tod nur ein paar Tage alt – der Prolog zu dem Drama, das ein blutiges Ende nahm. Ötzis letzte Tage müssen ein Auf und Ab gewesen sein, nicht nur geografisch und physisch, sondern auch emotional. Sein Darminhalt, ein unwissentlich geführtes Logbuch aus Pollen verschiedener Höhenlagen, verrät seine Wanderungen zwischen Tal und Gipfel. Vielleicht war der Mann auf der Flucht? Was auch immer er auf 3.000 Meter Seehöhe trieb, es war keine Auszeit vom stressigen jungsteinzeitlichen Alltag.

## Blut, Bakterien und Beweise

‚Man möchte ihm durch die Zeiten zurufen: „Ötzi, bleib doch lieber zu Hause!" Aber vielleicht hätte ihm dieser Zuruf die Zornesröte ins Gesicht getrieben: „Wen nennst du da Ötzi?" Und vor Streit hat er wohl selten gekniffen, was die Pfeilspitze in der Schulter vermuten lässt: ein Volltreffer in die linke Schlüsselbeinarterie. Es war das Ende einer mühseligen Wanderung und eines beschwerlichen Lebens. Die Experten im weißen Kittel, die seine Überreste im CT-Scanner durchleuchteten wie ein Stück Gefriergut, nehmen an, dass jemand – vielleicht er selbst in einem letzten Anflug von Panik oder aber stoischer Ruhe – den Pfeilschaft aus der Wunde herauszog. Ein fataler Fehler. Wenige Minuten später war Schluss.

An dieser Stelle ein kleiner Exkurs für alle Möchtegern-Rambos und Erste-Hilfe-Optimisten: Wenn Ihnen oder einer Person, die Sie mögen, ein Gegenstand aus dem Körper ragt: Hände weg! Ja, Sie haben richtig gelesen: Bitte lassen Sie das Ding einfach stecken. Es klingt widersinnig, jedoch ist dieser Fremdkörper oft Ihr Verbündeter. Er mag ein Gefäß verletzt haben, aber er könnte es auch provisorisch abdichten. Ziehen Sie ihn raus und Sie öffnen die Schleusen. Das Blut sprudelt dann wie aus einem aufgeplatzten Gartenschlauch – und zwar nicht zu knapp. Wer meint, mit festem Griff die Heldin spielen zu müssen, verschleppt Keime tiefer in die Wunde; ein Albtraum fürs Immunsystem. Profis machen das anders, nämlich mit sterilem Besteck und ruhiger Hand. Die wissen, wie man einen solchen Störenfried entfernt, ohne dass der oder die Getroffene vor Schmerz das Bewusstsein verliert oder sich wünscht, im ewigen Eis geblieben zu sein. Doch um fair zu sein: Ötzi hatte schlicht Pech. Falsche Zeit, falscher Ort und keine Chance, mit länglichen Fremdkörpern in seiner Wunde irgendetwas richtig zu machen.

Aber Moment, die Sache ist komplizierter. Als hätte der Pfeil nicht gereicht, fand man auch ein Schädel-Hirn-Trauma, sprich: Blutergüsse im Großhirn, entstanden durch einen heftigen Aufprall. Ein Sturz nach dem Treffer? Ein gezielter Schlag auf die Stirn, um ihm das Sterben zu erleichtern? Die Wissenschaftler streiten noch – ein posthumes Gerangel um die exakte Todesursache, bei dem der Hauptdarsteller nur körperlich zu Rate gezogen werden kann. Fest steht: Ötzis Abgang war alles andere als sanft. Mit seinen 45 bis 50 Jahren war er zwar kein Jüngling mehr, aber ins Eis beißen musste der arme Mann trotzdem auf die harte Tour.

Was man außerdem weiß: Der Pfeil kam wohl aus der Ferne, heimtückisch, unversehens. Ötzi war entspannt, hatte gerade gegessen. Der Täter ließ die Wertsachen des Verletzten liegen, darunter die Kupferaxt, ein Statussymbol sondergleichen. Es war also kein Raubmord, eher eine Abrechnung, die blutig beglichen wurde.

Die Axt selbst ist eine kleine Geschichte wert. Das Kupfer stammt nicht aus den Alpen, sondern aus der Toskana – ein Beweis für erstaunliche Handelsnetze. Die hohen Arsen- und Kupferwerte in Ötzis Haaren ließen manche Forscher schon spekulieren, er sei in der Metallgewinnung tätig gewesen, womöglich ein prähistorischer Kupferbaron. Wahrscheinlicher ist aber, dass die Metalle erst nach seinem Tod aus der Umwelt in seinen Körper gelangten. Die Axt sorgte jedenfalls für gehörigen Aufruhr unter Historikern, verschob sie doch die Datierung des Kupfergusses mal eben um schlappe 1.000 Jahre nach hinten. Ötzi, ein Revolutionär der Metallurgie.

Doch der Mann vom Tisenjoch ist nicht nur ein Hauptgewinn der Traumatologen und Archäologen, sondern ebenso ein Fest für Mikrobiologen. Denn in seinem Magen fanden sich Reste von Steinbock, Hirsch – und *Helicobacter pylori*. Ein Bakterium, das heute von der halben Menschheit beherbergt wird und als Großmeister der Magenentzündungen gilt. So ein Einzeller, der heute derart erfolgreich ist, musste früh damit beginnen, seine Umwelt zu erobern. In Ötzi findet sich der bislang älteste Nachweis dieses Feldzuges – quasi Helicobacter der Große. Keine Frage: ein unwillkommener Gast, aber kein Parasit im strengen Sinne. Denn H. pylori hat seinen eigenen Stoffwechsel und ist nicht völlig von der Wirtin abhängig wie ein echter Schmarotzer, der sich ohne seine Gastgeberin schlicht nicht vermehren kann. H. pylori ist eher ein ungebetener Untermieter, der mitunter die gemeinsame Wohnung verwüstet, aber nicht zwingend auf Kosten des Vermieters lebt. Viele tragen ihn völlig symptomlos in sich. Ein Parasit hingegen ist per Definition ein knallharter Ausbeuter, der der Wirtin schadet. Eine subtile, gleichwohl gewichtige Unterscheidung in der facettenreichen Biologie des Zusammenlebens.

## Philosophen, Peitschen und Parasiten

Man könnte Bücher über Ötzis körperliche Malaise füllen – und tatsächlich wurden auch Hunderte, wenn nicht gar Tausende wissenschaftliche Arbeiten über den Gletschermann verfasst. Viele Experten sind der Ansicht, dass Ötzi trotz seiner Gebrechen in einem guten Zustand war. Wir reden immerhin vom Neolithikum und Gesundheit ist relativ. Aber in diese philosophische Debatte wollen wir uns nicht einmischen, sondern gehen tiefer – in die Eingeweide: Uns interessiert etwas, das Ötzi wohl zeitlebens plagte, auch wenn es ihn nicht ins Grab brachte: *Trichuris trichiura*, der Peitschenwurm, der sich in seinen Gedärmen breitgemacht hatte.

Dieser Fadenwurm nistet sich im Dickdarm ein und verursacht die Trichuriasis. Sein Name ist Programm: Das vordere Ende ist dünn wie ein Peitschenschlag, das hintere dicker, wie der Griff. Ein Design, das zugleich bizarr und effektiv ist. Heute weltweit verbreitet, gehört er zu den „Big Playern" unter den menschlichen Darmparasiten.

Ötzi durchstreifte die Alpentäler und bezwang mächtige Höhenzüge. Seine verborgenen Begleiter betrieben derweil ihre eigene Lebensreise. Trichuris trichiura, der Weltenbummler im Miniaturformat, hatte sich wohl die exklusivste Adresse der Jungsteinzeit ergattert. Dumm, dass diese illustre Residenz zur Endstation wurde: statt weiterzureisen, erstarrte er mit seiner Wirtin im alpinen Permafrost Sich diesen Wurm einzufangen, war zu jener Zeit vermutlich so einfach wie heute einen Schnupfen im Großraumbüro zu holen. Fehlende Kanalisation in den Dörfern, allgemein mangelnde Hygiene: ein Paradies für fäkal-oral übertragene Plagegeister. Ötzis ohnehin schon strapazierter Körper war womöglich noch anfälliger. Die Rippenfellentzündung, die Silikose – lauter offene Türen für Parasiten aller Art. Und wer in der Jungsteinzeit viel unterwegs ist, und Ötzis Ausrüstung weist darauf hin, isst und trinkt Dinge, die wahrscheinlich nicht einmal den damaligen Hygienestandards genügten.

Vielleicht infizierte er sich auch durch den Kontakt mit fremden Menschengruppen, die neue Parasitenstämme ins Spiel brachten, gegen die sein Immunsystem noch keine Routine entwickelt hatte.

Der Lebenszyklus des Peitschenwurms ist ein Kreislauf von geradezu unappetitlicher Effizienz. Die Weibchen legen täglich Tausende von Eiern, die mit dem menschlichen Stuhl ausgeschieden werden. Diese Eier sind fassförmig mit dicker Schale und haben an beiden Polen schleimgefüllte „Polpfropfen". Sie sind anfangs nicht embryoniert, also harmlos, und brauchen erst eine Reifezeit in der Außenwelt, vorzugsweise in feuchten, warmen Böden. Mindestens zwei Wochen dauert es, bis sie infektiös werden. Eine direkte Ansteckung von Mensch zu Mensch ist daher ausgeschlossen. Man muss schon im Dreck wühlen oder kontaminierte Nahrung zu sich nehmen. Siedlungen ohne Kanalisation und Trinkwasserversorgung, wie damals üblich, boten ideale Bedingungen: eine permanente fäkale Verschmutzung, quasi ein ständiges Reservoir an reifenden Eiern.

## Salz, Schweiß und Schmarotzer

Die kleinen Peitschenschwinger hinterließen ihre erste Visitenkarte in ähnlichen Gefilden – und das 3.000 Jahre, bevor Ötzi seine ersten Bergschuhe schnürte. Während die debütierenden Bauern der Jungsteinzeit ihre Nomadenfreiheit gegen das verlockende Versprechen von Brot, Steaks und – als Bonus – einer exklusiven Kollektion an Parasiten eintauschten, ahnten sie nicht, dass sie damit auch den Grundstein für die Archäoparasitologie legten. Fortschritt, so zeigt sich, äußert sich manchmal in Form hartnäckiger Mitbewohner, die sich in den Ritzen der Zivilisation einnisteten und sich weigern, auch nur den geringsten symbiotischen Beitrag zu leisten.

Ein internationales Forscherteam, das seine Arbeit vermutlich nicht beim Abendessen bespricht, hat in versteinerten Exkrementen aus Çatalhöyük – einer legendären Siedlung in der heutigen Türkei, wo bereits vor 9.000 Jahren die Menschen dicht gedrängt lebten – Spuren des Peitschenwurms entdeckt. Ein Meilenstein, obwohl die meisten Paläoparasitologen Trittsteine deutlich mehr schätzen. Die Sesshaftigkeit erwies sich als zweischneidiges Schwert. Plötzlich hockten Menschen und ihre Nutztiere auf engstem Raum zusammen. Eine Art steinzeitliche Megacity, nur ohne Putzplan und mit einer, sagen wir, pragmatischen Einstellung zur Abfallentsorgung nach dem Prinzip „Wo Platz ist, da ist auch ein Kothaufen". Paradiesische Bedingungen für Mikroorganismen, die auf der Karriereleiter der Evolution nach oben wollen.

Cambridge-Gelehrte und Absolventen des Elitekurses „Wie man mit Würde in historischen Ausscheidungen wühlt" entdeckten dort Peitschenwurm-Eier aus der Zeit zwischen 7100 und 6150 vor Christus. Neun Jahrtausende in Embryonalstellung – da schreit selbst ein wirbelloser Parasit nach einem Chiropraktiker! Während die antiken Griechen bereits als befallen galten, ist dies der früheste Nachweis in einer jungsteinzeitlichen Siedlung in dieser Region. Ob die Schmarotzer strategisch klug die Sesshaftigkeit abwarteten oder schon die ersten tapsigen Schritte des Menschen auf zwei Beinen begleiteten, ist offen. Deshalb planen Forscher, Exkremente von Jägern und Sammlern zu untersuchen – ein Unterfangen, das deutlich schwieriger ist als bei Sesshaften: Während Siedlungsbewohner ihre Hinterlassenschaften höflich an denselben Stellen deponierten und so archäologische Schatzkammern schufen, hinterließen nomadische Jäger ihre Spuren kreuz und quer in der Wildnis. Das macht ihre Kot-Archäologie etwa so erfolgversprechend wie die Suche nach einem WC mit Klopapier am dritten Tag des Wiener Donauinselfestes.

Bevor Sie jetzt aber in Mitleid mit Archäologen zerfließen, die 10.000 Jahre alte Häufchen ohne Duftnote jagen, oder glauben, Ihr Großraumbüro sei der Gipfel der Plackerei, entführen wir Sie an einen Ort von malerischer Schönheit: Hallstatt, UNESCO-Welterbe. Wir widmen uns aber nicht dem Postkartenidyll, sondern der prähistorischen Salzmine: Finsternis, kaum erhellt von Fackeln, die rußten wie alte Öfen. Stehen? Kaum möglich. Luft? Zum Schneiden. Lärm? Ohrenbetäubend. Kaffeepause? Aber sicher – nur ohne Kaffee oder Pause. Immerhin: Zur Toilette war es nie weit. Einfach ein Schritt zur Seite, Hose runter, Notdurft verrichten. Die Hallstätter Kumpel waren wahre Pioniere in Sachen Kreislaufwirtschaft: essen, schuften, ausscheiden – alles in einem geschlossenen Ökosystem. Ein Paradies für unsere alten Bekannten, die Peitschenwürmer, und ihre nicht minder charmanten Kollegen, die Spulwürmer (*Ascaris lumbricoides*).

Man könnte die Jobbeschreibung für Paläoparasitologen so formulieren: „Sie suchen eine Herausforderung? Wir bieten einzigartige Abstiegschancen! Kriechen Sie täglich in feuchte, dunkle Löcher, die seit Jahrtausenden kaum betreten wurden, wo Sie im Schein Ihrer Stirnlampe die stummen Zeugen prähistorischer Verdauungsprobleme beleuchten. Analysieren Sie mit wissenschaftlicher Akribie, was andere vor 3.000 Jahren lieber diskret verscharrt hätten. Kein Tag gleicht dem anderen – schon allein deshalb, weil Sie in den Tiefen des Berges Tag und Nacht ohnehin nicht unterscheiden können."

Einige österreichische Forscher mit einer besonderen Affinität zur dunklen Seite der Geschichte nahmen die Herausforderung an. Sie untersuchten über 3.000 Jahre alte „Geschäfte" aus den Hallstätter Minen. Mithilfe von DNA- und Proteinanalysen kamen sie zu einem Ergebnis, das man als Kompliment für die Parasitenfähigkeiten werten könnte: 91 Prozent der Proben enthielten Wurmeier. Während die Menschen mühsam Salz aus dem Berg schürften, werkten die Würmer in ihren Därmen unermüdlich an ihrem eigenen Vermächtnis. Eine imponierende Parallelökonomie. Vor allem die Ascaris-Eier erwiesen sich als unverwüstlich, quasi der VW Käfer unter den Parasiteneiern.

Wer sich durch Fäkalien arbeitet, bekommt unweigerlich auch den dazugehörigen Speiseplan frei Haus geliefert. Die Hallstätter aßen deftig: Getreidebrei, Bohnen, Fleisch, dazu gegebenenfalls mal ein Schluck Bier oder ein Stück Käse – Fermentation war schließlich schon erfunden. Doch mit jedem Bissen schlüpften mitunter ungebetene Tischgäste mit ins Verdauungssystem.

Bemerkenswert: Man entdeckte Überreste von Pestwurz – jener Pflanze, die heute noch als Magenmittelchen in jeder soliden Hausapotheke zu finden ist. War das ein gezielter Versuch der Selbstmedikation? Ein instinktiver Griff zur bronzezeitlichen Wurmkur? Oder nur zufällig mitgegessenes Grün, quasi die historische Variante des dekorativen Petersilienblattes? Die Antwort verliert sich in der Dunkelheit der antiken Stollen. Ebenso wie von den europäischen Bergbaupionieren nichts übrig geblieben ist außer ein paar mikroskopischen Eiern. Und nicht einmal ihre eigenen.

## Verwandtschaft, Vandalen und Vampire

Man könnte meinen, Trichuris trichiura sei dank moderner Sanitäranlagen ein Auslaufmodell. Mitnichten! Er ist ein Kosmopolit mit einer Vorliebe für schwüle Gefilde und mangelnde Hygiene. Bis zu 360 Millionen Menschen sollen ihn heute beherbergen. Er ist eine Geißel der Armut, ein ständiger Begleiter dort, wo sauberes Wasser und Toiletten Luxusgüter sind. Wenigstens ist er in einer Beziehung wählerisch: Seine Hauptwirte sind Menschen. Das bedeutet, dass der Wurm normalerweise nicht auf Tiere überspringt und der Lebenszyklus vollständig innerhalb der menschlichen Population abläuft.

Die Eier des Peitschenwurms sind kleine Panzerschränke, resistent gegen fast alles, was die Umwelt ihnen entgegenstellt. Am wohlsten fühlen sie sich in feucht-warmer Erde im Schatten. In den Tropen mit Regen in Hülle und Fülle bleiben sie monatelang gefährlich, unter Laborbedingungen sogar Jahre. Nach zwei, drei Wochen schlüpft im Ei eine infektiöse L1-Larve, also die erste Larvenstufe. Gelangen die reifen Eier dann in den menschlichen Dünndarm, geben Verdauungssäfte und Umgebungsfaktoren das Startsignal: Die L1-Larven brechen aus und bohren sich zum Krummdarm, dem letzten Teil des Dünndarms, in die Schleimhaut, wo sie sich zu den nächsten Larvenstadien häuten.

Nach wenigen Tagen verlassen die Larven die Schleimhaut und ziehen weiter in den Blinddarm und in den ersten Dickdarmabschnitt. Dort legen sie ihre Haut mehrmals ab und werden erwachsen. So verankert sich der Wurm mit seinem „Peitschenschwanz" in der Darmwand, während das dicke Hinterteil frei ins Lumen hineinragt. Dieses „halb drin, halb draußen"-Prinzip ist eine geniale Konstruktion: fester Halt, Zugang zur Nahrung (Gewebsflüssigkeit, Zellen) und die Möglichkeit, die Eier in den Stuhl abzugeben. Als Erwachsene messen sie 30 bis 50 Millimeter, wobei die Damen die Herren überragen. Möglicherweise, weil die Peitschenwurm-Weibchen echte Powerfrauen sind: Sie legen täglich Tausende von Eiern, das US-amerikanische CDC spricht sogar von 20.000. Das sind Millionen von Nachkommen pro Jahr! So lange lebt ein Peitschenwurm übrigens.

Was die Figur angeht, herrscht unter Würmern eine gewisse, nun ja, Eintönigkeit. Nehmen wir die Spulwürmer: Sie treiben wie Nudeln in der Suppe durch die Dünndarmschlingen, ein kontrolliertes Gleiten, stets genährt vom frisch servierten Nahrungsbrei der Wirtin. Dabei werden ambitionierte Weibchen doppelt so groß wie die Männchen und erreichen imposante Längen von bis zu 40 Zentimetern! Doch Vorsicht vor trügerischer Entspannung: Werden die Nudel-Imitatoren gestört – etwa durch eine schlecht getimte Wurmkur –, verlieren sie ihre Contenance. Dann beginnen sie zu „wuseln" und kriechen panisch in die nächstbeste Öffnung. Fatal wird es, wenn sie sich dabei in den Pankreasgang verirren oder sich zu einem Darmverschluss zusammenknäueln – dem berüchtigten *Ileus verminosus*. Denn ein Knäuel aus Hunderten Spulwürmern kann selbst den geräumigsten Darm an seine Grenzen bringen. So werden aus den braven Bürokraten im Handumdrehen lebensgefährliche Chaoten.

Die Hakenwürmer (*Necator americanus*) hingegen sind die Camper unter den Parasiten: Ständig unterwegs, schlagen sie mal hier, mal dort ihre Zelte auf. Tatsächlich kann man sich diese unangenehmen Gäste im Urlaub beim Barfußlaufen am Campingplatz einfangen.

Die Anreise dieser blinden Passagiere ist dabei ein echtes Abenteuer: Nach dem Hautkontakt – meist unauffällig – bohren sich die Larven direkt durch die Fußsohle und erreichen über die Blutbahn die Lunge. Dort legen sie einen kurzen Zwischenstopp ein, bevor sie durch die Atemwege Richtung Rachen kriechen und dabei nicht selten einen handfesten Reizhusten auslösen. Das ist kein Hüsteln – es ist ein Parasiten-Check-in mit Schleimkonzert! Denn einmal im Mund angekommen, können sie verschluckt werden und landen später im Dünndarm, wo sie endlich ihr Lager aufschlagen.

Dort beißen sie sich in bester Vampirtradition mit Mundwerkzeugen, die an rostige Fischerhaken erinnern, an der Darmwand fest und zapfen die Blutgefäße an. Wer mutig genug ist, kann sich die dentalen Werkzeuge des Grauens unter dem Elektronenmikroskop ansehen: Die Kombination aus sägeblattartigen Beißwerkzeugen, Monstermaul und gnadenloser Vergrößerung lässt selbst einen Stephen King schweißgebadet zurück. Und was sie damit anrichten, ist nicht weniger scheußlich: Um zu verhindern, dass ihr persönliches Buffet gerinnt, injizieren sie ein paar gerinnungshemmende Substanzen und Verdauungsenzyme in die Mini-Wunden.

Zugegeben, ein einzelner Wurm schlürft täglich bescheidene 0,2 Milliliter Blut, aber in geselliger Runde ergibt sich schnell eine ordentliche Zeche, die die Wirtin tatsächlich in die Blutarmut stürzen kann. Und weil diese Camper echte Nomaden sind, wechseln sie munter ihren Ankerplatz und hinterlassen dabei eine Schar kleiner, blutender Wunden – parasitäre Graffiti an der Darmschleimhaut.

## Dübel, Dschungelcamp und Darmflora

Zurück zum Peitschenwurm. Da der bekennende Bewegungsphobiker fest im Blind- und Dickdarm verweilt, muss er sich etwas einfallen lassen, um nicht vom Immunsystem der Wirtin zwangsgeräumt zu werden. Seine raffinierte Überlebensstrategie: Er bohrt sein dünnes Vorderende tief in die Darmschleimhaut. So entgeht er nicht nur der natürlichen Darmperistaltik, die ihn mit den Resten des gestrigen Festmahls entsorgen würde, sondern auch den patrouillierenden Abwehrzellen im offenen Darmlumen. Die Darmwand, irritiert durch den Eindringling, schlägt mit einer leichten Entzündung und vermehrter Schleimproduktion beleidigt zurück. Ein klassischer Fall von gut gemeinter, aber katastrophaler Selbstverteidigung: Denn dieser Schleim wird für den Wurm zur heimeligen Nische, einer Art selbst gebautem Bunker gegen die Immunabwehr. Er macht es sich quasi in der Falle gemütlich, die ihm gestellt wurde.

Doch der Wurm mit der Peitsche verlässt sich nicht nur auf sein Versteckspiel. Er greift in die biochemische Trickkiste und sondert Substanzen ab, die man in Expertenkreisen als „immunmodulatorisch" bezeichnet – was im Grunde nichts anderes heißt als molekulare Beruhigungsmittel, die das menschliche Immunsystem sanft einschläfern.

Wissenschaftler machten in ärmeren Weltregionen verblüffende Beobachtungen: Kinder, die länger den unfreiwilligen Gastgeber für Würmer wie den Hakenwurm oder den Pärchenegel (*Schistosoma mansoni* – siehe dazu auch Kapitel 6, Seite 115) spielten, litten seltener unter Allergien als ihre wurmfreien Altersgenossen. Chronische Wurminfektionen scheinen das Immunsystem umzuerziehen, es gegenüber Allergenen wie etwa Milbenkot deutlich gelassener zu machen. Doch die Sache ist tückisch: Während eine beständige Infektion schützt, kann eine kurze oder milde das Allergierisiko sogar erhöhen. Die Biologie ist eben kompliziert.

Wie aber gelingt den Würmern dieser Coup? Sie bringen das Immunsystem zur Selbstsabotage. Statt in Panik auszubrechen, reagiert der Organismus nach einer gewissen Zeit geradezu tiefenentspannt. Die Parasiten verteilen sozusagen Valium an die überdrehten Sicherheitskräfte des Körpers. Normalerweise fährt dieser bei Wurmbefall das schwere Geschütz auf: spezielle Antikörper (IgE) und spezielle weiße Blutkörperchen wie Mastzellen und *eosinophile Granulozyten*. Genau dieses Arsenal, das ursprünglich Eindringlinge bekämpfen soll, richtet die übersensible Abwehr bei Allergikern auf harmlose Substanzen wie Pollen oder Tierhaare. Doch im Gegensatz zum Katzenfell können die Würmer mit einer Drei-Punkte-Strategie kontern: Sie mischen Wasser in den Sprengstoff, indem sie dafür sorgen, dass die IgE-Antikörper verdünnt werden – weniger Histamin-Ausschüttung, weniger Wumms. Sie produzieren außerdem Substanzen, die verhindern, dass Immunzellen alarmiert und aktiviert werden. Und sie fördern die Bildung regulatorischer T-Zellen. Diese körpereigenen Friedenstruppen dämpfen generell die Abwehr- sowie Entzündungsreaktionen und bringen das System zur Ruhe.

Diese Finesse beeindruckt die Wissenschaftler so, dass sie überlegen, Würmer medizinisch einzuspannen. Was paradox klingt, zeigte in tierexperimentellen Untersuchungen zunächst Wirkung: Wurmsubstanzen linderten Asthma- und Diabetes-Symptome. Auch beim Menschen wagte man Experimente: Patienten mit entzündlichen Darmerkrankungen wie *Morbus Crohn* oder *Colitis ulcerosa* erhielten kontrolliert Eier des Schweinepeitschenwurms (*Trichuris suis*). Der Clou: Der Wurm als biologischer Brandlöscher im Darm. Die Larven überlebten in menschlichen Wirten nur kurz, wurden daher nicht geschlechtsreif und vermehrten sich nicht. Diese Stippvisite reichte in kleinen Studien, um das Immunsystem zu beruhigen und Symptome der Autoimmunerkrankungen zu lindern. Trotz dieser Erfolge bleibt die „Wurmkur" extrem umstritten und größere Placebo-kontrollierte Studien verhinderten den Aufstieg zur Standardtherapie. Die Vorstellung, sich freiwillig Parasiten einzuverleiben, besitzt zudem nicht den gleichen Wellness-Faktor wie eine Ayurveda-Kur am Gardasee, sondern eher den Charme einer Prüfung im Dschungelcamp. Die Zukunft der Wurmtherapie liegt also nicht darin, den ganzen Wurm zu schlucken, sondern ihm seine biochemischen Geheimnisse zu stehlen und sie in Pillenform zu verkaufen. Bis es so weit ist, bleibt die Erkenntnis, dass ein uralter Feind vielleicht ein Lehrmeister für unser überreiztes Immunsystem ist.

Als wäre es nicht genug, die Abwehr einzuschläfern, scheint Trichuris trichiura die umgebende Darmflora nach seinem Geschmack umzugestalten und die Darmbarriere zu manipulieren. Die leichte Entzündung und die Überproduktion an Schleim schaffen ein Milieu, das speziellen Bakterien gefällt – praktischerweise solchen, die dem Wurm nicht schaden. Manche dieser Kleinstlebewesen revanchieren sich sogar, indem sie die Polpfropfen der Wurmeier auflösen und so dem Nachwuchs beim Schlüpfen helfen. Das Ergebnis: eine unheilige Allianz, die im Mikrokosmos des Wurms eine Art immunologisch beruhigte Verkehrszone schafft.

Dank dieser Beschwichtigungspolitik kann sich eine Peitschenwurmkolonie jahrelang unbemerkt einnisten. In diesem Kalten Krieg duldet die Wirtin eine gewisse Wurmlast, während der Parasit für diese friedliche Koexistenz einen Preis zahlt, indem er seine Fortpflanzungsrate drosselt. Würde er das Immunsystem zu aggressiv unterdrücken, könnte die Wirtin zwar mehr Würmer beherbergen, was dem Parasiten kurzfristig nützen würde, aber langfristig würde er den Ast absägen, auf dem er sitzt. Eine völlige Kapitulation des Immunsystems bleibt aus; es hält die Wurmbürde in Schach. Kippt dieses fragile Gleichgewicht jedoch – etwa bei massivem Befall, wie er oft bei Kindern vorkommt –, treten trotz aller diplomatischen Finessen ernste Symptome wie etwa Anämie auf.

Man könnte meinen, der Wurm wäre als rücksichtsloser Mietnomade erfolgreicher: „Warum die Wohnung pflegen? Meine Nachkommen ziehen woanders hin, also kann ich hier alles kurz und klein schlagen!" Doch hat die Evolution den Wurm zu einem weitsichtigen Untermieter erzogen, nicht zu einem Vandalen. Der Fehler in der kurzsichtigen Logik ist, dass die Anzahl der Würmer den Zustand der Wohnung, also der Wirtin, bestimmt. Die egoistische Strategie: Ein Parasit, der auf maximale Vermehrung setzt, ist wie ein Mieter, der Hunderte Freunde einlädt. Die Unterkunft wird überstrapaziert, verdreckt und beschädigt. Das ruft den Vermieter – das Immunsystem – auf den Plan, der mit einer Räumungsklage reagiert: Die Würmer fliegen raus und die Wohnung ist für lange Zeit unbewohnbar. Die bessere Strategie aus Wurm-Sicht: sich wie ein idealer Untermieter verhalten, der unauffällig lebt und die Belastung gering hält. So kann der Parasit über Jahre in seinem gemütlichen Zuhause wohnen bleiben und in aller Ruhe seine Nachkommen in die Welt schicken. Ergo hat die Evolution dem Peitschenwurm beigebracht, dass Verhältnismäßigkeit keine Schwäche, sondern eine kluge Strategie ist.

## Kuren, Kunst und Kolonien

Bei starkem Wurmbefall – wir reden von 100 bis 200 Würmern, die sich im Darm tummeln – wird es ungemütlich: chronische Bauchschmerzen, blutiger Durchfall, nächtlicher Stuhldrang (ein charmantes Wort dafür: *Tenesmen*) und im Extremfall sogar Mastdarmvorfall. Der ständige Nährstoffklau direkt an der Quelle führt besonders bei Kindern zu Wachstumsstörungen, medizinisch als *Trichuris-*

*Dysenterie-Syndrom* bekannt. Und Ötzi? Der war erwachsen. War sein Befall moderat, hat er vielleicht wenig gemerkt. Andererseits zeigen die *Beau'schen Linien*, kleine Querrillen in seinen Fingernägeln, dass er Monate vor seinem Tod Phasen von Krankheit oder Stress durchmachte. Ob die Würmer daran mitschuldig waren, bleibt Spekulation – aber eine, die plausibel scheint.

Ötzi und seine Zeitgenossen hatten vermutlich keinen blassen Schimmer vom Lebenszyklus eines Wurms, der seine Eier klammheimlich mit in ihren Kot schmuggelt. Die Symptome – Bauchschmerzen, Durchfall, Abmagerung – dürften ihnen aber kaum entgangen sein. Vielleicht schoben sie es auf den Zorn der Götter oder „böse Geister im Bauch". Dass Ötzi Tätowierungen trug, die auffällig an Akupunkturpunkten liegen, befeuert die Fantasie der Wissenschaftler bis heute. Waren das therapeutische Maßnahmen? Die Muster – schlichte Striche und Kreuze – befinden sich an Stellen, an denen Ötzi Schmerzen gehabt haben muss: Lendenwirbelsäule, Knie, Sprunggelenke. Parallelen zur Akupunktur drängen sich auf, auch wenn diese Methode erst Jahrtausende später in China erstmals dokumentiert wurde. Vielleicht war der Mann aus dem Eis ein Pionier der Nadelstiche? Oder waren es doch nur Stammeszeichen, Heilrituale oder das Ergebnis eines steinzeitlichen Tattoo-Selbstversuchs, das noch seine Linie suchte? Wir tappen im Dunkeln, aber die Vorstellung, dass er versuchte, seine Gelenkschmerzen zu lindern, während einige Quälgeister in seinem Darm saßen, hat eine tragische Note.

Bemerkenswerterweise hatte Ötzi aber etwas im Gepäck, das man als steinzeitliches Anti-Wurm-Mittel interpretieren könnte: Erstens zwei auf Fellstreifen aufgefädelte Stücke eines Baumschwamms, des Birkenporlings. Ein Pilz, der an Birken wächst und vielleicht schon damals als eine Art „natürliches Antibiotikum" galt, auch wenn man weder das Wort noch Ziele oder Wirkung kannte. Moderne Analysen bestätigen: Der Pilz enthält tatsächlich Substanzen, die gegen

Darmparasiten wirksam sind. Zweitens hatte Ötzi Reste von Adlerfarn in seinem Magen-Darm-Trakt. Adlerfarn ist ein zweischneidiges Schwert: traditionell als Wurmmittel eingesetzt, aber gleichzeitig giftig und vermutlich krebserregend. Ein klassisches Beispiel für ein Heilmittel, bei dem man die Nebenwirkungen wohl zähneknirschend in Kauf nahm, wenn die Not groß genug war – oder man schlichtweg keine Ahnung von Onkologie hatte. Glücklicherweise ist unser heutiges Arsenal gegen Würmer raffinierter und nebenwirkungsärmer.

Da wäre *Mebendazol*, ein Klassiker, der den Würmern buchstäblich den Saft abdreht, indem er ihren Stoffwechsel lahmlegt. Sie verhungern mitten im Schlaraffenland. Eine Einmal-Dosis ist oft nur ein höflicher Hinweis zum Auszug, den manche Würmer geflissentlich ignorieren. Eine dreitägige Kur hingegen ist deutlich effektiver und gleicht einer Zwangsräumung mit Polizeischutz.

*Albendazol* ist der Allrounder unter den Entwurmungsmitteln. Er wirkt ähnlich wie Mebendazol, ist aber beliebt bei Massenbehandlungen, auch weil er wie ein Kombi-Ticket andere Wurmarten gleich mit erwischt.

*Ivermectin* erlangte während der Corona-Pandemie zweifelhaften Ruhm als vermeintliches Wundermittel. Gegen Parasiten wirkt es jedoch tatsächlich: Es lähmt die Würmer, als hätten sie Medusa in die Augen geblickt. Allein ist es oft nur mäßig wirksam, doch in Kombination mit anderen Wirkstoffen wird es zum gefeierten Ensemblemitglied im großen Anti-Wurm-Orchester. Die gelähmten Würmer können sich nicht mehr festkrallen und werden mit einem letzten Akkord Richtung Kanalisation gespült. Ein Abgesang in Moll, aber ohne Applaus.

Als Newcomer, speziell für Peitschenwürmer, gilt *Oxantel-Pamoat*. In Kombination mit Albendazol erzielt es Erfolgsquoten, die selbst abgebrühte Parasitologen zu Standing Ovations hinreißen. Noch ist der Wirkstoff nicht überall im Einsatz, aber sein Aufstieg ist vorprogrammiert – ein vielversprechender Star am Entwurmungshimmel.

Gelten diese Mittel für alle Helminthen? Nicht ganz. Viele Wurmkuren sind wie Maßanzüge konzipiert – Oxantel ist beispielsweise ein ausgewiesener Peitschenwurm-Flüsterer –, aber viele Medikamente geben sich als Wurmwalze und räumen gleich mehrere Wurmarten ab. Doch im ewigen Wettrüsten der Natur schlagen die Würmer zurück: Resistenzen sind auch hier ein wachsendes Problem, ganz nach dem Motto „Was dich nicht umbringt, macht dich stärker". Die Wissenschaft kontert mit Kombinationstherapien – wenn ein Geschoss nicht trifft, dann vielleicht das nächste.

Nach der Behandlung folgt die Stunde der Wahrheit unter dem Mikroskop: Eine Stuhlprobe verrät, ob die lang gezogenen Quälgeister wirklich das Weite gesucht oder sich nur in die hintersten Darmwinkel verzogen haben. In Gegenden, wo diese Plagegeister zum Alltag gehören, setzt die WHO gar auf regelmäßige „Entwurmungspartys" für Schulkinder. Ein gesellschaftliches Großereignis, das zwar selten für gute Noten sorgt, aber immerhin geht es den Sitzenbleibern im Darm an den Kragen.

Es ist ein moderner Kampf mit Mikroskopen und Massenmedikation, gegen einen Gegner, der älter ist als jede Apotheke. Ein Feind, der schon vor über 5.300 Jahren seine menschlichen Herbergen fand und manchmal mit ihnen gemeinsam in die Ewigkeit einging. So geschehen bei jenem unglückseligen Herrn, der am Similaun seine Karriere als Gletschermumie Ötzi antrat.

Die Vorstellung, dass sich der weltberühmte Mann aus dem Eis womöglich geplagt von Bauchkrämpfen und blutigem Stuhl keuchend über die Alpen schleppte, verleiht seinem ohnehin tragischen Schicksal eine weitere erbarmungswürdige Note. War sein von Arthrose ausgezehrter Körper durch die ständigen „Mitesser" zusätzlich geschwächt? Trug der Parasitenbefall dazu bei, dass seine Flucht scheiterte und er zur Zielscheibe des letztlich tödlichen Pfeils wurde? Wir werden es nie erfahren. Aber es erinnert daran, dass uns die Darmparasiten, die schon vor Jahrtausenden die Eingeweide unserer Ahnen bevölkerten, bis heute treu bleiben. Es ist also gut möglich, dass die ersten Marskolonisten während ihrer privaten Momente an Bord unbemerkt ein paar Peitschenwurm-Eier in die Weiten des Alls entsorgen. Eine jahrtausendealte Reisegemeinschaft – vom anatolischen Lehm über das Gletschereis bis hin zur roten Wüste.

# EXKURS IN DIE IMMUNOLOGIE

## Exkurs in die Immunologie – Zellen mit kurzer Zündschnur

In den USA gibt es Farmen, die so schaurig sind, dass sich kein Bauer freiwillig nähert: Auf diesen Body Farms werden Leichen gesät, um Erkenntnisse zu ernten. Forensiker untersuchen dort, welche Faktoren den Verwesungsprozess beeinflussen. Wie wirken sich Sonnenlicht, Temperatur oder Feuchtigkeit aus? Welche Insekten finden kalte Leiber besonders kuschelig? Warum verwest eine Leiche in einem dunklen Anorak anders als eine, die in einen Teppich gewickelt ist? All das hilft, besser zu verstehen, warum Leichname in unterschiedlichen Umgebungen manchmal sogar mumifizieren. Ein Körper beginnt in dem Moment zu verwesen, in dem ihm der letzte Atemzug entfährt. Doch warum stürzen sich schon in der ersten Sekunde nach dem Tod Millionen Bakterien wie Raubtiere auf uns? Machen wir einen kurzen Abstecher in die Welt des Immunsystems, um zu verstehen, wie wir in einer Welt voller Parasiten 90 Jahre und älter werden können.

Mit dem Tod setzen alle Stoffwechselfunktionen aus und die Autolyse beginnt: die Selbstverdauung. Das ist die erste Phase der Verwesung, in der sich die Verdauungssäfte durch den eigenen Körper fressen. Da die Magenschleimhaut nicht mehr durchblutet wird, stoppt die schützende Schleimproduktion. Die Wand des Organs wird brüchig und der Mageninhalt ergießt sich ins Körperinnere. Auch andere Organe beginnen, sich selbst zu verdauen, etwa die Bauchspeicheldrüse, die bis zuletzt fleißig Verdauungssekrete produzierte. Innerhalb des Körpers setzt der Fäulnisprozess ein. Das Immunsystem, normalerweise durch den Stoffwechsel versorgt und mobil durch das Kreislaufsystem, bricht zusammen. Wir kennen

Szenen aus Science-Fiction-Filmen, in denen der Zentralcomputer zerstört wird und die Roboter mitten im Kampf erstarren. Ganz ähnlich ergeht es nach dem letzten Seufzer unserem Immunsystem. Die Bakterien, die bisher in Zaum gehalten wurden, kennen kein Halten mehr. Vor allem die sauerstoffunabhängigen Einzeller aus dem Darm – normalerweise friedliche Gesellen – feiern den Leichenschmaus ihres Lebens.

Der Irrglaube, dass Leichen selbst Seuchen auslösen, rührt von den Erregern her, die die Toten einst ins Grab brachten und ihre Wirte – zumindest zeitweise – überlebten. Ohne die Hintergründe zu durchschauen, erkannte man, dass Menschen, die an Seuchen verstorben waren, diese Krankheiten auch posthum weitergaben. Militärs wussten das für ihre perfiden Pläne zu nutzen: So katapultierten mongolische Heerscharen laut Quellen im Jahr 1347 ihre eigenen Pestopfer in die belagerte genuesische Handelsniederlassung Kaffa auf der Krim. Ein kleiner Wurf mit der Schleuder, eine gewaltige Folge für Europa: Der Schwarze Tod tötete rund ein Drittel der Bevölkerung.

Viele Jahrhunderte nach der Pest, diesem historischen Schreckgespenst der Mikrobenwelt, stellt sich die berechtigte Frage: Warum fordern Infektionskrankheiten heute noch immer, wenn auch wesentlich seltener, so viele Todesopfer? Natürlich hatten die Menschen schon damals ein Immunsystem, doch viele andere Faktoren spielen hier eine Rolle: Hygiene, Antibiotika, Impfprogramme und nicht zuletzt ein besseres Verständnis biologischer Zusammenhänge. Zeit also, einen genaueren Blick auf unseren inneren Schutzmechanismus zu werfen – das Immunsystem.

## Die vier Fanfaren der Entzündung

Unsere Abwehr ist kein starrer Apparat, sondern ein hochaktiver Sicherheitsdienst, der niemals schläft. Das Immunsystem schützt uns vor Viren, Bakterien, Pilzen, Parasiten, Umweltgiften und entarteten Zellen. Die erste Verteidigungslinie – das angeborene Immunsystem – reagiert bei einem Angriff blitzschnell. Zu diesem Frühwarnsystem gehören die Fresszellen (*Phagozyten*): *Granulozyten*, *Makrophagen* und deren Vorstufen, die *Monozyten*. Sobald Krankheitserreger verletzte Haut oder Schleimhaut überwinden, schlagen die Wachposten Alarm – Blaulicht in Molekülgröße: *Mastzellen*, *dendritische Zellen* und Makrophagen erkennen über chemische Signale, dass etwas nicht stimmt.

Diese Immunzellen setzen daraufhin sofort Botenstoffe wie Histamin frei, die andere Verteidiger herbeirufen. Als Erstes stürmen die Granulozyten heran. Sie heißen so, weil sie kleine Bläschen im Zellinneren tragen – *Granula*, vollgepackt mit biochemischen Kampfstoffen. Je nach Färbung unter dem Mikroskop teilt man sie in drei Typen ein: Die *Neutrophilen* sind die Allround-Ersthelfer – sie verschlingen fast alles, was ihnen nicht körpereigen erscheint. Ihr kurzer Lebenszyklus macht sie besonders opferbereit: Sie sterben oft innerhalb weniger Tage im Einsatz. Kamikazepiloten der Zellebene. *Eosinophile* und *Basophile* übernehmen Spezialaufgaben bei Parasiten und allergischen Reaktionen. Fremde Erreger erkennt das Immunsystem an bestimmten Molekülen auf ihrer Oberfläche – den sogenannten Antigenen (quasi den molekularen Steckbriefen).

Das aus den Granula freigesetzte Histamin löst außerdem Entzündungen aus. Das weitet die Blutgefäße, macht sie durchlässig – die Aufräum- und Eingreiftrupps gelangen so schneller zu den Eindringlingen am Ort des Geschehens. Die Folgen sind Rötung, Schwellung, Wärme, Schmerz: die vier Fanfarenstöße der Entzündung. Neutrophile stürzen sich todesmutig auf alles, was nicht nach „uns" aussieht – und wenn es sein muss, werfen sie mit toxischen Paketen um sich, die Membranen einreißen und Proteine zerhacken. Die Lieblingsdisziplin bleibt trotzdem der Direktkontakt: umfließen, verschlucken, verdauen – die *Phagozytose*.

## Zwischen Qualitätskontrolle und Selbstauflösung

Doch vorab stellt sich eine zentrale Frage: Wie erkennen Immunzellen überhaupt, wer Feindin und wer Freundin ist? Denn im Eifer des zellulären Gefechts – voll Adrenalin, Alarmstoffen und zerplatzten Pathogenen – kann man leicht die Übersicht verlieren. Unser Körper muss sicherstellen, dass seine eigenen Zellen nicht versehentlich zum Ziel werden. Deshalb durchlaufen Immunzellen eine streng geregelte Basisausbildung.

Schon in ihrer „Kindheit" – also im Thymus oder Knochenmark – lernen T- und B-Zellen, körpereigene Strukturen zu erkennen und in Ruhe zu lassen. Nur die Zell-Rekruten, die nicht auf harmlose oder körpereigene Signale reagieren, dürfen weitermachen. Diese sogenannte zentrale Toleranz verhindert, dass sich das Immunsystem gegen den eigenen Körper richtet. Aber weil nicht alle Immunzellen schon in der Ausbildung alle Eventualitäten üben können, sind zusätzliche Kontrollinstanzen im gesamten Körper – periphere Kontrollmechanismen – notwendig. Diese agieren wie mobile Aufseher im Feld – sie beobachten das Verhalten reifer Immunzellen im Alltag und greifen ein, wenn eine Zelle auf Abwege gerät.

Normalerweise erkennt das Immunsystem körperfremde Substanzen an ihren Antigenen – das sind molekulare Merkmale, die wie Erkennungszeichen auf der Zelloberfläche sitzen. Problematisch wird es, wenn harmlose Stoffe wie Pollen oder Nahrungsproteine irrtümlich als Staatsfeind Nr. 1 eingestuft werden. Dann kommt es zu allergischen Reaktionen. Ähnlich verhält es sich bei Transplantaten, deren fremde Merkmale zu einer Abstoßung führen können – auch wenn das neue Organ eigentlich willkommen ist.

Manchmal allerdings ist das Immunsystem zu eifrig. Dann braucht es eine Bremse: die Immunsuppression. Medikamente können gezielt Immunreaktionen abschwächen – etwa bei Autoimmunerkrankungen oder nach Organtransplantationen, wenn das

Immunsystem partout nicht zwischen „fremd“ und „feindlich“ unterscheiden will.

Und schließlich gibt es noch eine besonders elegante Lösung für problematische Zellen: die *Apoptose*, den programmierten Zelltod. Keine Explosion, kein Drama – einfach ein geordneter Rückzug. Der Organismus spart sich so Entzündungen und kann gefährliche Entwicklungen frühzeitig eindämmen.

## Die Schwergewichte

Um die schiere Masse dieser Armee zu erfassen: Rund 1,2 Kilogramm Immunzellen beherbergt ein Durchschnittsmensch – das entspricht etwa 1,8 Billionen Einzelkämpfern. Im Knochenmark, dem Produktionszentrum der Immunzellen, warten Monozyten auf ihren Einsatz. Erst wenn sie ins Gewebe auswandern, reifen sie zu Makrophagen – den Schwergewichten unter den Fresszellen. Sie mögen zahlenmäßig unterlegen sein, beanspruchen aber die Hälfte der Gesamtmasse der weißen Blutkörperchen.

Diese Kolosse agieren entweder stationär – als gewebsgebundene Makrophagen – oder mobil. Stationäre Makrophagen entwickeln über Jahre charakteristische Eigenschaften: Die *Alveolarmakrophagen* in der Lunge agieren als Smog-Staubsauger, die sich schwarzärgern, wenn Zigarettenrauch oder Dieselabgase eingeatmet werden. In der Leber schuften die *Kupffer-Zellen* als Entgiftungsexperten, die bei jedem Glas Wein leise aufstöhnen und sich vor Beziehungskrisen fürchten. Sehr interessant sind die *Mikroglia* im Gehirn: Diese Immunzellen sind zwar insbesondere für Entzündungen und Infektionen zuständig, doch sind sie auch Teil der Gedankenpolizei, die verzweifelt versucht, Ohrwürmer und peinliche Erinnerungen zu löschen. Das funktioniert, weil die Mikroglia die Synapsen – das sind die nervalen Schaltzentralen – verstärken oder eben abbauen. Und schließlich gibt es noch die *Osteoklasten* in den Knochen: die wankelmütigen Knochenbrecher, die zwischen Abriss und Renovierung hin- und hergerissen sind.

Die mobilen Makrophagen – quasi die Feuerwehrzüge des Immunsystems – eilen zu Entzündungsherden, um Erreger zu beseitigen. Nach getaner Arbeit präsentieren sie Bruchstücke der besiegten Eindringlinge: die Antigene. Diese Fragmente sind mehr als Abfall – sie sind Treibstoff für die zielgerichtete Immunantwort. Besonders fleißig präsentieren sich die dendritischen Zellen: verzweigt wie ein Astwerk und doppelt clever. Sie zerlegen die Erreger nicht nur, sondern transportieren die Informationen über die Antigene in die Lymphknoten oder die Milz – die Kommandozentralen der Immunabwehr. Dort übergeben sie die Daten an B- und T-Zellen. Es folgt der Auftakt zu einer Immunoffensive – geplant, gestaffelt, punktgenau.

## Die Eliten markieren das Böse

Denn nun tritt das adaptive (also das erworbene und lernfähige) Immunsystem auf den Plan – dabei handelt es sich nicht um einen Haudrauf, sondern um einen Strategen mit Geduld, Präzision und Langzeitgedächtnis. Während das angeborene System schon mit rauchenden Fresszellen durchs Gewebe pflügt, wartet die erworbene Abwehr mit ihrem Einsatz, denn sie braucht erst einmal eine Lagebesprechung. Und in diesem *Situation Room* wird nicht nur geredet, sondern gezeigt: Die Späher, unsere dendritischen Zellen, legen die Beweismittel auf den Tisch – die Antigene der Eindringlinge, präsentiert wie frisch erbeutete Trophäen auf dem Silbertablett. Erst jetzt rücken die Eliten aus: *T-Zellen*, die Kommandeure und Killer in Personalunion, und *B-Zellen*. Letztere sind die Waffenschmiede des Immunsystems, die Antikörper wie passgenaue Handschellen herstellen. Diese maßgeschneiderten Eiweißmoleküle binden sich an spezifische Antigene und markieren so die Eindringlinge. Die

T-Zellen übernehmen verschiedene Rollen: Die *T-Helferzellen* koordinieren den Einsatz, während *zytotoxische T-Zellen* direkt angreifen. Gemeinsam orchestrieren sie eine mehrstufige Offensive – kein reflexartiger Rundumschlag, sondern eine durchdachte Operation.

Zur schnellen Truppe zählen auch die *Natürlichen Killerzellen* (NK-Zellen). Als Teil des angeborenen Immunsystems gehören sie zur ersten Verteidigungslinie. Robust, schnörkellos und mit zytotoxischen Rezeptoren bewaffnet, erkennen sie vor allem virusbefallene Zellen. Ihr Arsenal ist tödlich: Das *Perforin* wirkt wie ein Präzisionsbohrer, der Löcher in die Membran der Zielzelle stanzt. Diese Löcher sind das Einfallstor für *Granzym*-Geschosse – Enzyme, die im Inneren der Zelle die Selbstzerstörung auslösen. Nach der Ausbildung im Knochenmark folgt die Aktivierung der B-Zellen. Und die geschieht nicht in klösterlicher Abgeschiedenheit in den knöchernen Katakomben, sondern mitten im immunologischen Trubel. Die B-Zelle vollzieht dabei eine Verwandlung zur Plasmazelle: Sie bläht sich auf und beginnt, Antikörper in industriellem Maßstab zu produzieren. Diese Antikörper – offiziell: *Immunoglobuline* (IgG, IgA, IgM, IgD, IgE) – heften sich an Eindringlinge und markieren sie. Man könnte sagen: Graffiti mit Immunfunktion – „Hier wohnt das Böse“.

Doch auch der engagierteste Sicherheitsdienst braucht Kontrolle. Dafür sorgen die *regulatorischen T-Zellen*: zelluläre Sittenwächter, die übertriebene Reaktionen zügeln und so verhindern, dass das System aus Versehen die eigene Nachbarschaft verwüstet. Und weil das Immunsystem nicht nur reagiert, sondern auch reflektiert, behalten einige B-Zellen das Geschehen im Gedächtnis. Diese Gedächtniszellen erinnern sich an den Angreifer in allen Details – oft lebenslang. Dann gibt es kein Briefing mehr, sondern sofortige Aktion. Impfungen nutzen genau diesen Effekt: Der Körper trainiert am Abziehbild des Feindes, merkt sich den Ablauf – und steht beim echten Angriff ohne Vorlaufzeit bereit.

## Spezialfall Parasiten

Doch diese ausgeklügelte Maschinerie steht bei Gegnern, die nicht nur eindringen, sondern sich häuslich niederlassen wollen, vor einer besonderen Herausforderung: Parasiten sind die ungebetenen Dauergäste des Körpers.

Drei große Gruppen fordern die Abwehr besonders heraus: Protozoen – einzellige Meister der Tarnung wie Malaria-Erreger. Helminthen – Würmer, die sich benehmen, als hätten sie ein besonderes Recht auf unseren Darm. Und Ektoparasiten – Milben, Läuse und Zecken, die draußen bleiben, aber trotzdem nerven. Diese biologischen Außenseiter sind so unterschiedlich gebaut, dass das Immunsystem sein gesamtes Besteck auffahren muss – situationsbedingt vom Skalpell bis zur Streitaxt.

Doch wie bekämpft man Gegner, die ihre eigenen Regeln schreiben? Parasiten sind professionelle Hochstapler der Biologie: Tarnung, Täuschung, Undercover-Einsatz – diese Winzlinge beherrschen alles. Bevor das Immunsystem in den Häuserkampf gehen muss, setzt es zunächst auf die bewährte Türsteher-Strategie: gar nicht erst reinlassen. Haut, Schleimhäute, Magensäure, Gallensalze und Verdauungsenzyme bilden die äußere Verteidigungslinie. Im Darm hilft das, was Immunologen mit britischer Nüchternheit *weep and sweep* nennen – die „Tränen-und-Besen-Strategie". Schleim plus beschleunigte Verdauung ergeben: Übelkeit, Erbrechen und Durchfall, allesamt keine Zufälle, sondern taktische Rauswürfe mit Nachdruck.

An der vordersten Front, direkt in der Darmschleimhaut, sitzen auf den Zellen molekulare Stolperdrähte. Diese Wächter-Rezeptoren funken bei der kleinsten Berührung durch einen verdächtigen Fremdling sofort eine stille, aber panische Meldung. Das ist das Signal für die *ILC2-Zellen*, die Krisenmanager des angeborenen Immunsystems. Sie fackeln nicht lange und orchestrieren sofort die sogenannte Typ-2-Antwort. Das Kommando lautet: Alles muss raus! Die Schleimproduktion wird hochgefahren, die Darmbewegung beschleunigt sich zu einem unerbittlichen Förderband und die gesamte Umgebung wird für den Eindringling so unwirtlich wie ein Zelt im Schneesturm. Kurz gesagt: Der Körper wird zur Rutschbahn.

## Spezialtruppen gegen Würmer

Zu groß zum Verschlucken, zu dreist zum Übersehen – gegen Helminthen, also Würmer, spielt das Immunsystem die große Musik auf. B-Zellen produzieren IgE-Antikörper – maßgeschneiderte Klebefallen, die sich an den Wurm heften wie ein Klettverschluss. Mastzellen und Basophile, die Sprengstoffexperten des Immunsystems, tragen die passenden Rezeptoren für diese Antikörper. Sobald genug IgE andockt, entladen sie ihre chemischen Bomben: vor allem *Leukotriene* – kleine biochemische Dirigenten, die die Muskeln zur Kontraktion bringen. Blutgefäße weiten sich dramatisch, Muskeln ziehen sich zusammen wie Ziehharmonikas, das Gewebe wird schleimiger als eine Seifenoper zur Primetime.

Zusätzlich ruft *Interleukin-5* – ein biochemischer Trompetenstoß – die Eosinophilen ins Feld. Diese Zellen führen ein ansehnliches Arsenal mit sich: *Major Basic Protein* (wirkt wie Säure), *Peroxidase* (der Bleichmittel-Spezialist) und toxische Granula (kleine Giftbomben). Gemeinsam ruinieren sie die Außenhaut vieler Würmer sorgfältiger als ein Bulldozer einen Schrebergarten. Nebenwirkungen wie Juckreiz oder Schwellung sind die unvermeidlichen Kollateralschäden dieses zellulären Bombardements – bedauerlich, aber der Preis des Sieges.

Einzeller wie Malaria-Erreger oder Toxoplasma verstecken sich in Zellen wie Einbrecher im Kleiderschrank. Hier hilft keine Außenschleimhaut mehr, sondern die Typ-1-Antwort – chirurgisch präzise. NK-Zellen und Th1-Zellen fördern *Interferon-γ*, das Makrophagen so richtig anheizt, die infizierten Zellen zu erledigen.

IgG-Antikörper markieren freischwimmende Stadien und die Milz macht kurzen Prozess. Das Komplementsystem wirkt allerdings nur bei kleinen Parasiten, gegen große Würmer ist es so nützlich wie ein Zahnstocher beim Rudern.

Manchmal wählt der Körper jedoch die diplomatische Lösung: Schistosoma-Eier werden mit Zellkapseln ummantelt und höflich, aber bestimmt Richtung Darm oder Harnblase befördert. Eine elegante Lösung, die allerdings Narben hinterlassen kann – denn wo viel eingeschlossen wird, droht irgendwann Fibrose. Der Preis der Höflichkeit.

Aber auch Parasiten lernen dazu. Einige schütteln Antikörper ab wie lästige Fliegen. Andere – besonders die Würmer – manipulieren die Immunantwort mit der Raffinesse eines Diplomaten: Sie bremsen sie gezielt oder lenken sie in regulatorische Bahnen. Doch mehr zu diesem Thema finden Sie im Kapitel 4 „Götter, Geister und Güllegruben" ab Seite 61.

Wir haben in diesem Kapitel gelernt, dass unser Immunsystem kein freundlicher Concierge ist, sondern ein knallharter Rausschmeißer mit Null-Toleranz-Politik – und das aus gutem Grund. Denn sobald die zelluläre Leibgarde versagt, wird aus dem schmalen Pfad ins Jenseits eine Autobahn. Deshalb gilt: Eintritt nur nach Einladung. Wer ungefragt kommt, fliegt raus. Meistens.

# ParaMatch♡ Parasit sucht Wirt

## Trypanosoma cruzi, unsterblich

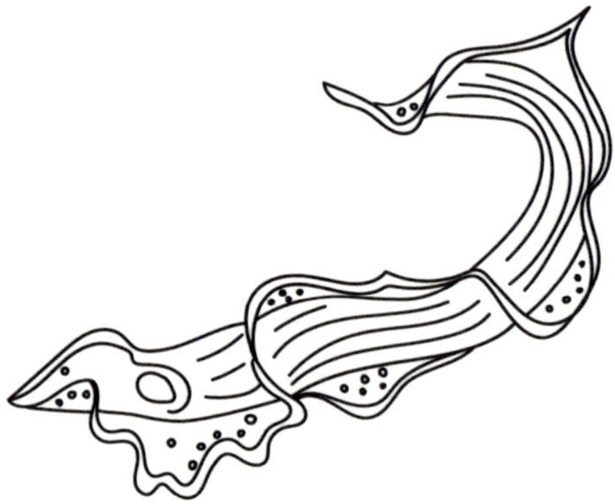

**Was ich biete:**

Den Kuss deines Lebens, geliefert von meinem persönlichen Leibwächter, der Raubwanze; eine Beziehung, die unter die Haut geht; ich bleibe, bis dein Herz zu groß für diese Welt ist.

**Red flags:**

Leute, die nicht kratzen, wenn es juckt – du musst schon etwas tun, um mich zu erobern.

**Über mich:**

Nenn mich nicht Romantiker, nenn mich Schicksal! Ich schicke dir nicht einfach Blumen, ich schicke dir einen geflügelten Cyrano de Bergerac, der dir nachts meinen Kuss überbringt.

**Was ich suche:**

Du bist ein tiefer Schläfer, wohnst in einem Haus mit Patina und suchst nicht nur einen Partner, sondern ein Lebensprojekt? Swipe right. Ich verspreche dir eine Liebe, die dir den Atem rauben wird.

# Kapitel 5 – Der Barbier der Herzen

Manche Lieder sind wie Zuckerwatte für die Seele: „It Started With a Kiss“ von Hot Chocolate erzählt von einem unschuldigen Küsschen im Klassenzimmer, dem Urknall einer jungen Liebe. Ein Song, der das Herz wärmt. Wir erzählen hier nun ebenfalls von einem Bussi, doch unsere Version ist die düstere B-Seite dieser Single: Es geht um den Kuss der Triatomine-Wanze, die liebevoll *Kissing Bug* genannt wird. Auch er hat die Macht, einen Menschen zu verzaubern. So, dass dieser am Ende sein Herz verliert. Und das, warten Sie es ab, ist buchstäblich gemeint.

Bevor Sie aber dahinschmelzen und romantische Gefühle aufkommen, werden diese gleich mit dem Vorschlaghammer der Biologie zertrümmert. Denn der Spitzname „Küsskäfer“ ist nichts weiter als das *Rebranding* eines Blutsaugers, dessen Verdauungstrakt eine Meisterleistung der Evolution darstellt, die es ihm ermöglicht, Blut zu verdauen. Außerdem ein Immunsystem, das ihn gegen einen einzelligen Parasiten schützt und den er mit tödlicher Präzision weiterreicht.

Wer schleicht da durch die Nacht wie ein miniaturisierter Darth Vader auf sechs Beinchen, dünn wie Laserklingen? Kein imperiales Marschieren, nur heimtückisches Schleichen. Der dreieckige Kopf sitzt wie ein Helm auf einem glänzenden Panzer und orange-schwarzen Hinterleib. „Luke, ich bin nicht dein Vater“, würde der dunkle Lord dem schlafenden Opfer zuflüstern, „aber wir könnten blutsverwandt werden, indem ich deines trinke.“

Man fürchtete die *Vinchucas* – in Quechua, der Sprache der Inka, „Stechinsekten“ – einst jedoch nicht wegen einer Krankheit, sondern weil man in ihnen die Seelen der Toten vermutete. In Mexiko, wo sie *Chinches*, heißen, abgeleitet vom Nahuatl-Wort *chinamitl* (für Netz – wegen der geflechtartigen Beine), glaubte man, die Wanzen stächen nur böse Menschen: Wer den Schaden hat, hat ihn offenbar auch verdient. Dennoch kam noch niemand auf die Idee, das Insekt Darth Vader zu nennen. Vermutlich weil es schon genügend Künstlernamen trägt, die seine finstere Natur verniedlichen. Diese sprachliche Weichzeichnung ist ein Erbe der Kolonialzeit, als sich in Lateinamerika Hunderte indigene Sprachen mit Spanisch und Portugiesisch zu einem Mix aus Aberglauben und Notwendigkeit vermischten.

Die lebenslustigen Brasilianer tauften die Wanze mit feinem Sinn für Humor *Barbeiro*: der Barbier. Ihre langen Beinborsten erinnerten sie an einen Rasierpinsel. Und: Da die Wanze bevorzugt ins Gesicht sticht und kleine Wunden an Lippen und Lidern hinterlässt, wurde ein makabrer Witz daraus: „Pass auf, sonst kommt *Barbeiro* und schneidet dir mehr als nur den Bart ab.“ Den treffendsten Namen aber erfand man in Peru: *Matachola*, Mörderin der Armen. Dabei ist die Wanze streng genommen nur der Bote des Bösen, ein Bluträuber, der eine Visitenkarte hinterlässt: „Bis in 20 Jahren, wenn dein Herz aufgibt.“

## Das parasitäre Home-Office

Auf dieser Visitenkarte steht, in blutroter Schrift, der Name *Trypanosoma cruzi*, Erreger der *Chagas*-Krankheit. Die Legende dieses Einzellers ist älter als unsere Geschichtsbücher: Vor etwa 9.000 Jahren tritt er in der Atacama-Wüste erstmals aus dem Nebel der Zeit. Dort, in einer der trockensten Regionen der Erde, an der Grenze zwischen Nordchile und Südperu, schlummert ein Angehöriger der *Chinchorro*-Kultur in seiner Hütte. Die Chinchorro waren Pioniere des sesshaften Lebens, lange bevor es cool war, ein Eigenheim zu besitzen. Sie lebten von Fisch, Robben und dem naiven Traum, nicht von Parasiten zerfressen zu werden. Ihr größter Fehler: Sie hielten Dächer aus Schilfmatten für eine fabelhafte Idee. Für Wanzen waren sie das tatsächlich.

Im Schutz der Nacht setzt die Wanze zum verräterischen Kuss an, sie hat eine Vorliebe für Gesichter, dort ist die Haut weich. Sie saugt Blut und hinterlässt dabei ihren Kot, eine tickende Zeitbombe voller Trypanosomen. Der Mensch erledigt den Rest: Im Schlaf kratzt er sich und reibt die Parasiten eigenhändig in die Wunde. So wird er auch noch zum Handlanger seiner eigenen Unterwerfung. Es folgt eine stille Invasion, die Jahrzehnte andauern wird.

Die Parasitenforscher sind sich einig: Das Unheil hatte schon einen Fuß in der Tür, noch bevor der erste Mensch anklopfte. Ein wilder Kreislauf zwischen Tier und Wanze existierte längst – ein eingespieltes Drama in der Steppe. Als dann die Chinchorro ihre Dörfer aus dem Boden stampften, schufen sie nicht nur eine frühe Kultur, sondern eröffneten eines der ersten parasitären Home-Offices der Weltgeschichte. Tagsüber boten die Ritzen der Lehmwände und die kühlen Schilfdächer perfekte Bedingungen für die blutsaugende Nachtschicht, die auf die Dunkelheit wartete. Der Mensch und seine Haustiere, vom Meerschweinchen bis zum Hund, waren dabei nicht nur Begleiter, sondern wandelnde Zapfsäulen für die neuen Mitbewohner.

## Demokratische Mumifizierung

Doch waren die Chinchorro nicht nur im Hausbau innovativ, sie waren wahre Pioniere im Kampf gegen die körperliche Auflösung. Während die Ägypter darüber grübelten, ob sie ihre verstorbenen Pharaonen in Gold oder doch lieber in noch mehr Gold wickeln sollten, hatten die Chinchorro einen revolutionär anderen Zugang: Nicht nur Fürsten verdienten ein Billett in die Unsterblichkeit. Egal ob Säugling, Greisin oder der Taugenichts, der zur Jagd stets zu spät kam – alle wurden für die Ewigkeit präpariert. Eine Haltung, die man so zusammenfassen könnte: Warum sollte der Luxus, in Würde zu verrotten, den Eliten vorbehalten sein?

Ihre Methoden, die Toten zu konservieren, zeugen von einer Kreativität, die ihresgleichen sucht. Die „Schwarzen Mumien" etwa wurden bis auf die Knochen optimiert: Haut und Fleisch runter, das Skelett mit Stöcken stabilisiert und das Ganze mit einer schwarzen Paste überzogen. Es war die prähistorische Blaupause für ein Konzept, das in der Menschheitsgeschichte noch viele Anhänger finden sollte. Die späteren „Roten Mumien" wiederum folgten einem anderen Prinzip: Organe raus, den Hohlraum mit allerlei Füllmaterial ausstaffieren und voilà – fertig war der Dauerbrenner für die Ewigkeit.

Gleichzeitig pflegten die Chinchorro eine Art morbiden Sammelwahn; man könnte sie als die ersten Mumien-Messies der Geschichte bezeichnen. Oma und Opa wurden nicht einfach beerdigt, sondern blieben Teil des Alltags: Archäologen fanden Hinweise, dass die Ahnen regelmäßig aus ihren Gräbern geholt, frisch bemalt und bei Zeremonien wild herumgereicht wurden. Der Gedanke dahinter war wohl: Warum Meisterwerke der Verwesungsverhinderung im Boden verschimmeln lassen, wenn man sie im Wohnzimmer ausstellen kann? Dieser Kult, der dem Begriff „Familienerbstück" eine neue Dimension verleiht, erwies sich für die Paläoparasitologen als Goldgrube.

Die Chinchorro hatten in ihrem Eifer nämlich nicht nur ihre Körper, sondern auch ihre Untermieter unsterblich gemacht. In einer rund 9.000 Jahre alten Mumie stießen Forscher auf die DNA von Trypanosoma cruzi: der erste handfeste Beweis für den „Kuss des Todes", lange bevor ihn im 20. Jahrhundert überhaupt jemand offiziell beschreiben konnte. Und das war kein Einzelfall, sondern Programm mit einer albtraumhaften Quote: Eine US-Studie an 283

Mumien enthüllte, dass fast 41 Prozent der Einbalsamierten den Parasiten in sich trugen.

Da die Chinchorro bei der Mumifizierung keine Standesdünkel kannten, agierte auch der Parasit mit erfrischender Gleichgültigkeit – für den Chagas-Erreger waren alle Menschen gleich. Die Wissenschaftler erkannten darin das Rezept für ein stabiles Desaster. Die Chinchorro lebten in einem perfekt austarierten Gleichgewicht des Schreckens: Die einfachen Hütten und die Nähe zu tierischen Blutreservoirs schufen die ideale Brutstätte für ein Leid, das die Jahrtausende überdauern sollte.

## Carlos wird berühmt

Werfen wir einen Blick auf den Mann, der dem Feind ein Gesicht gab. Die Entdeckung von Trypanosoma cruzi durch Carlos Chagas im Jahr 1909 war kein gewöhnlicher Fund, es war ein wissenschaftlicher Grand Slam: Chagas lieferte das komplette All-inclusive-Paket der Tropenmedizin, indem er Erreger, Überträger, Lebenszyklus und Symptome in einem einzigen Geniestreich identifizierte. Die Ironie dabei: Der Parasit wurde am Ende nicht nach ihm, sondern nach seinem Mentor Oswaldo Cruz benannt, einem verdienten Veteranen im Kampf gegen Gelbfieber und Pest. Ob Carlos das geärgert hat? Man weiß es nicht. Ihm blieb immerhin der Name der Krankheit selbst – ein bittersüßes Trostpflaster, wenn man bedenkt, dass die Seuche Südamerika bis heute in ihren Klauen hält und Chagas zum Inbegriff des Schreckens wurde.

Denn T. cruzi ist kein gewöhnlicher Fiesling; er ist ein Verwandlungskünstler mit einem breiten Portfolio. Seine genetische Vielfalt ist enorm – aufgeteilt in zwei Hauptlinien, wobei vor allem Typ II mit fünf Subtypen das volle Repertoire des Elends aufführt. Das Ganze funktioniert wie eine Ansammlung von Boybands: Die Songs klingen ähnlich, doch jede Gruppe hat ihren eigenen Vibe (ihre Aggressivität), ihre treue Fan-Gemeinde (ihre bevorzugten Wirte) und ihre Tournee-Route (ihre geografische Heimat). Manche spielen schleichende, chronische Balladen, andere prügeln los wie eine Rockband voller Steroide. Dieser Parasit hat das Prinzip „Vielfalt ist Stärke" besser verinnerlicht als jedes internationale Musiklabel – nur dass hier statt Chart-Hits am Ende multiple Organversagen in Dauerschleife laufen.

Ursprünglich war der Einzeller ein eher unauffälliger Untermieter, der ein beschauliches Dasein im Blutkreislauf von Waldtieren wie Gürteltieren und Opossums führte. Doch dann betrat der Mensch die Bühne und schrieb das Drehbuch von Grund auf neu. Seine frisch errichteten Lehmhütten waren nicht nur ein Symbol für Sesshaftigkeit, sie waren eine Einladung mit goldener Gravur für die Parasiten: Plötzlich stand eine neue, zweibeinige Nahrungsquelle zur Verfügung, die sich nachts nicht einmal wehrte.

Der Opportunist T. cruzi erkannte die Gunst der Stunde und begann, sein genetisches Material neu zu mischen. Es war ein evolutionäres Speed-Dating im eigenen Erbgut, bis er den Code für den menschlichen Organismus geknackt hatte. Dabei spielte ihm sogar das Klima in die Karten: Längere Trockenperioden gaben jenen Wanzenarten einen Vorteil, die nicht nur hitzeresistent waren, sondern eine Vorliebe für das häusliche Leben und seine Bewohner entwickelten.

## Bösewichte ohne Plan und Tücke

An dieser Stelle müssen wir eine Lanze für die nüchterne Wissenschaft brechen: Wenn wir davon sprechen, dass der Parasit „lernte" oder die „Gunst der Stunde erkannte", dann ist das eine erzählerische Krücke. Schmarotzer besitzen weder einen „Masterplan" noch die „Tücke" eines Bond-Bösewichts. Sein Erfolg ist kein „Geniestreich", sondern schlicht der Hauptgewinn im genetischen Roulette:

Das unaufhörliche Zusammenwürfeln von Mutationen erzeugt eine famose Vielfalt, und als der Mensch mit seinen Siedlungen die Spielregeln änderte, hatte eine dieser Varianten ungeplant das Gewinnerlos in der Hand. Der Erfolg des Lebens ist kein zielgerichteter Akt, sondern das blinde Prinzip Darwins: Der Zufall schafft die Optionen, die Umwelt wählt den Sieger.

Die Pointe dieser Saga reicht tiefer, als wir ahnen. T. cruzi ist ein wahrer Methusalem unter den Parasiten: Seine Vorfahren existierten bereits vor 100 Millionen Jahren, als Dinosaurier noch die Erde beherrschten. Ob er schon damals bei Sauriern oder erst später bei Kleinsäugern parasitierte, wissen wir allerdings nicht. Sicher ist nur: Irgendwann in dieser Urzeit spaltete sich seine Blutlinie von afrikanischen Verwandten ab – jenen Erregern, die heute die Schlafkrankheit verursachen. Eine bestimmte Variante, der Subtyp IIe, überlebte all die Jahrmillionen und wartete geduldig auf seine große Chance. Die kam, als der Mensch ihm vor einigen Jahrtausenden durch den Bau von Lehmhütten die Tür direkt ins Schlafzimmer entriegelte.

Unter dem Mikroskop entpuppt sich T. cruzi als ein Chamäleon auf Zellebene, dessen Form von seinem Aufenthaltsort und seiner aktuellen Mission abhängt. Ein Blick auf seinen Lebenszyklus erklärt die Logik dahinter: Nach der Blutmahlzeit bricht die Küsser-Wanze mit einer fundamentalen Regel der Tischmanieren und verrichtet ihr Geschäft dort, wo sie isst. Kein Hoppala, sondern eiskaltes Kalkül. Studien legen nahe, dass der einzellige Parasit die Verdauung seiner Zwischenwirtin manipuliert, um die Kotabgabe zu beschleunigen. Evolutionsbiologen reiben sich bei so viel Raffinesse die Hände, denn während andere Erreger sich vom Darm der Stechmücke umständlich in deren Speicheldrüsen vorarbeiten, nützen die Trypanosomen einen parasitären Express-Lieferservice ohne Umwege und bleiben einfach in den Gedärmen der Wanze hocken.

T. cruzi bleibt auch an anderer Stelle Minimalist: Statt wie der Madenwurm mit biochemischen Reizen und Juckpulver zu hantieren, setzt er ganz auf die mechanische Irritation des Wanzenbisses. Der Biss, der Kot, das instinktive Kratzen des Opfers und schon ist die Pforte für den Eindringling geöffnet. Warum diese unappetitliche Eile? Eine Wanze, die Blutmengen bis zum Mehrfachen ihres Körpergewichts schlürft, würde ohne die gleichzeitig stattfindende Erleichterung wie ein gestrandeter Wal an der Einstichstelle verweilen. Man darf davon ausgehen, dass es sie gab, diese flugunfähigen Dodos unter den Blutsaugern. Die Evolution hat sie aus gutem Grund aus dem Genpool geworfen.

## Die Völkerwanderung der Rennfahrer

Sie ahnen es sicher: Das Geschäftsmodell der Wanze ist ein in sich geschlossener Kreislauf aus Nehmen und Geben. Saugt das Insekt eine infizierte Wirtin an, zapft es nicht nur Blut, sondern desgleichen eine frische Ladung Parasiten. Denn die Blutbahn ist – wie Sie sicher schon festgestellt haben – ein beliebter Ort: Dort ist es angenehm temperiert, es gibt beste Verbindungen zu Leber, Milz, Herz und anderen parasitären Hotspots. Hier pflügt Trypanosoma cruzi als sogenannter *Trypomastigot* durch die Adern wie ein Formel-1-Wagen – stromlinienförmig und angetrieben von einer peitschenartigen Geißel.

Landet dieser Bolide im Darm einer hungrigen Wanze, fährt er sofort in die Boxengasse für einen radikalen Umbau. Der Zellkern verschiebt sich und die Geißel wandert von hinten nach vorne – sie wird zum Anker: T. cruzi verwandelt sich in seine sogenannte *epimastigote* Form. Perfekt gerüstet für das Leben im Wanzendarm, schmeißt der Parasit die Kopiermaschine an und startet eine Klon-Orgie sondergleichen. Eine biologische Fließbandproduktion, die ohne umständliche Zwischenschritte wie Liebe, Sex oder Schwangerschaft auskommt. Interessanterweise gönnt sich der Plagegeist, der sich seit Jahrmillionen auf diese asexuelle Routine spezialisiert hat, mitunter einen „Seitensprung“: Zwei Zellen verschmelzen und tauschen ihr genetisches Material wie Visitenkarten. Von einer geordneten Paarung kann freilich keine Rede sein, es ist eher ein unkontrolliertes Mischen des Genpools. Aus evolutionärer Sicht ist diese Doppelstrategie brillant: Die Klon-Armee sichert den Status quo, während der gelegentliche Genaustausch frische Talente hervorbringt, etwa für die Anpassung an neue Wirte.

Doch die stürmischen Flitterwochen sind kurz. Nach rund einer Woche verwandelt sich der Mitteldarm der Wanze in eine überlaufene Favela, die Nährstoffe werden knapp. Das löst eine parasitäre Unruhe aus, die eine Völkerwanderung zur Folge hat: Die Bewohner lösen ihre Verankerung und ziehen weiter in Richtung Wanzen-Enddarm. Dort heften sie sich erneut an die Wand. Was für eine Karriere: vom Rennfahrer zum Spaziergänger auf Tour durch den Verdauungstrakt.

In dieser finalen Etappe vollzieht T. cruzi eine weitere formvollendete Verwandlung: Die Zelle streckt sich, die Geißel wandert wieder an ihren Platz am hinteren Ende. Der Stoffwechsel wird auf das karge Dasein im Blut vorbereitet. Überlebenswichtig ist die Ausstattung der Zellmembran mit speziellen Oberflächenproteinen: molekulare Passierscheine, die dem Parasiten die Türen zu menschlichen Zellen aufstoßen. Wir werden später sehen, dass diese Transitpapiere nicht universell passen, was die Vorliebe des Parasiten für dezidierte Gewebe erklärt. Nach 15 bis 20 Tagen schließt sich der Kreis: Eine Wanze saugt erneut Blut bei einem Menschen – diesmal bei einem gesunden – und schmuggelt ihre frisch aufmunitionierte, infektiöse Fracht in dessen Wunde.

Während die Raubwanze die unbestrittene Hauptrolle in diesem Übertragungsdrama spielt, gibt es im Ensemble durchaus talentierte Nebendarsteller. So reist der Parasit zuweilen *kongenital* von der Mutter direkt zu ihrem ungeborenen Kind – ein Generationenvertrag der verhängnisvollen Art.

Dann wäre da noch der Blutbank-Express: Der Quälgeist befindet sich als Schwarzfahrer in einer Blutkonserve und reist von dort zur nächsten Wirtsstation. Eine Route, die heute dank moderner Tests glücklicherweise meist in einer Sackgasse endet. Kreativ wird es auf dem kulinarischen Pfad, wenn der Parasit als unbestellte Zutat im frisch gepressten Saft landet. All diese alternativen Routen sind zwar viel seltener als der Klassiker mit dem Wanzenstich, doch zeigen sie das Bild eines vielseitigen Opportunisten, der keine Einladung ausschlägt.

## Ein Bolide bremst sich ein

Was aber passiert im menschlichen Organismus direkt im Anschluss an eine Infektion? Nach ein bis zwei Wochen trügerischer Ruhe meldet sich der Körper zu Wort. An der Eintrittsstelle, dem Tatort des Kusses, erhebt sich eine rote, verhärtete Schwellung: das *Chagom*. Es ist das verspätete Schuldeingeständnis der Haut, dass sie als mechanische Barriere versagt hat. Doch seinen echten *Signature Move* packt der Parasit aus, wenn er über die Bindehaut eindringt, meist durch einen unachtsamen Fingerwisch übers Auge. Das Resultat ist das sogenannte *Romaña-Zeichen*: eine einseitige Schwellung von Lid und Wange, die das Sehorgan aussehen lässt, als hätte es das Ende seiner eigenen tragischen Geschichte bereits gesehen. Letztlich verläuft dieser erste Teil des Überfalls in den meisten Fällen schüchtern. Es sei denn, man gehört zu jenem einen Prozent, dessen Herz sofort aus dem Takt gerät, oder zu den Unglücklichen mit geschwächtem Immunsystem, bei denen die Infektion direkt und schwerwiegend auf Haut und Hirn übergreift.

Nachdem der Eindringling die erste Verteidigungslinie durchbrochen hat, beginnt das eigentliche Drama. Anders als bei seiner Verwandlung im Darm der Wanze, die ihn erst infektiös gemacht hat, steht im menschlichen Körper nun der nächste Karriereschritt an. Wir wissen, wie sich Trypanosoma cruzi elegant durch Blut- und Lymphbahnen schlängelt, dabei potenziell wieder von hungrigen Wanzen abgeholt wird. Doch der Großteil der Parasiten verbleibt in menschlichen Wirten, wo er ein raffiniertes Spiel der Unterwanderung startet. Das Ziel ist zunächst das *mononukleär-phagozytäre System* (MPS) – ein Ungetüm von einem Wort, das im Grunde nichts anderes beschreibt als die körpereigene Vereinigung aus Stadtreinigung, Recyclinghof und Polizeibehörde.

Sobald T. cruzi eine dieser Zellen entert, hängt es den Rennanzug an den Nagel und Freiheit und Geißel werden zu flüchtigen Erinnerungen: Navigieren ist out, hemmungsloses Reproduzieren ist in. Im Blutstrom war er ein flinker Flitzer, aber gefährlich exponiert – ein knallroter Ferrari auf dem Parkplatz eines Kindergartens, der unweigerlich das Ordnungsamt des Immunsystems auf den Plan ruft. Also biegt der Bolide in die nächstbeste intrazelluläre Garage ab und vollzieht eine 180-Grad-Wende zum häuslichen *Amastigoten*: rundlich, unbeweglich und vor allem radikal familienorientiert.

## Das Schneeballsystem des Todes

Der Formwandel ist keine Maskerade, sondern eine gründliche Kernsanierung. Der Parasit tauscht seinen Stoffwechsel vom rastlosen Zehnkämpfer gegen die asketische Ruhe eines Mönchs – keinerlei Energieverschwendung für Bewegung, keine verräterischen Spuren für aufdringliche Immunzellen. Stattdessen: Abtauchen ins zelluläre Zeugenschutzprogramm. Der Eintritt selbst ist ein Lehrstück der Infiltration, denn der Einzeller bricht nicht ein, sondern dockt als harmlose Fracht an. Doch kaum hat ihn die Zelle verschluckt, sprengt er die Ketten des Verdauungsapparats und entkommt seinem Schicksal als Nährstoff. Im sicheren Zytoplasma beginnt dann die eigentliche Arbeit: Er kapert die Maschinerie der Wirtszelle und verwandelt sie in seine private Klonfabrik. Er kopiert sich so lange selbst, bis die Zellhülle unter der Last der Nachkommen zerreißt und eine neue, subversive Generation freisetzt.

Mit dem Tod jeder Zelle, diesem Mini-Big-Bang im Mikrokosmos, werden die Parasiten erneut freigesetzt – jetzt wieder als agile, geißeltragende Trypomastigoten, bereit für den nächsten Eroberungszug. Es ist ein Kreislauf, der sich lebenslang etabliert: Zelle für Zelle, Gewebe für Gewebe wird unterwandert, zur reinen Produktionsstätte degradiert und letztlich rücksichtslos zerstört. Ein Schneeballsystem, bei dem Organ für Organ fällt. In dieser Phase breitet sich T. cruzi wie ein Flächenbrand im Körper aus. Seine favorisierten Ziele sind neben den Zellen des MPS Gewebearten mit einem hohen Muskel- und Nervenanteil. Doch das ist bereits die nächste Etappe der Erkrankung – die chronische Phase. Eine Zeitbombe, die bei etwa 20 bis 30 Prozent der Infizierten oft erst nach Jahren oder gar Jahrzehnten hochgeht. Es kommt dabei unweigerlich zu jenem kritischen Punkt, an dem die Beschwerden nicht mehr als alltägliche Unpässlichkeiten abgetan werden können.

Das dramatische Organversagen bei der chronischen Chagas-Krankheit ist die logische Konsequenz einer fatalen Vorliebe: Gesteuert von seiner molekularen Ausstattung stürzt sich der Parasit nicht zufällig, sondern als wahrer Feinschmecker gezielt auf Herz, Speiseröhre und Dickdarm. Seine raffinierten Oberflächenproteine, sein ganz persönliches Spezialbesteck für dieses Festmahl, passen eben nicht zu jedem x-beliebigen zellulären Gericht. Manche Gewebe scheinen ihm mit ihren spezifischen Rezeptoren regelrecht zuzurufen, indessen andere schlicht ignoriert werden. Dieses Erkennungsspiel diktiert seine kulinarische Reiseroute und macht spezielle Organe zu seinen Stammkneipen, in denen zuletzt die Endwirtin die Zeche für die Zerstörung zahlt.

Während die Symptome das Echo dieses verborgenen Krieges sind, gibt es noch das Fieber. Es kommt und geht wie ein unentschlossener Gast – die thermische Quittung für die chronischen

Gefechte des Immunsystems. Hinzu kommt die Müdigkeit, die man nicht als gewöhnliches Schlappsein bezeichnen kann. Sie gleicht vielmehr einer bleiernen Erschöpfung, als hätte der Körper beschlossen, die letzten Energiereserven für die entscheidenden Schlachten aufzusparen.

## Tausend Jahre Höllenqualen

Zuerst melden sich die inneren Organe zu Wort, zunächst nur flüsternd. Leber und Milz, die Kläranlagen des Körpers, schwellen an, weil sie im Dauereinsatz gegen die Parasitenflut irgendwann kapitulieren. Sie gleichen dann überforderten Reinigungskräften in einem System, das langsam im eigenen Abfall erstickt. Gleichzeitig gerät der Herzmuskel ins Stottern. All diese leisen Hilferufe werden häufig als banale Unpässlichkeiten abgetan. Die volle Tragik von Chagas entfaltet sich nach Jahrzehnten scheinbarer Ruhe, wenn die Speiseröhre zur grotesken Karikatur ihrer selbst wird. Es kommt zum Megaösophagus, einer Erweiterung der Speiseröhre: Sie wird zu einem monströser Schlauch, der das Schlucken zum Hindernislauf macht. Nahrung staut sich wie in einem verstopften Abfluss und immer öfter verirren sich Speisebrocken in die Lunge – ein Irrweg, der zu verheerenden Entzündungen führt.

Während das Verdauungssystem oben kollabiert, bricht es auch unten zusammen: Der Dickdarm weitet sich zum Megakolon auf – träge und grotesk überdimensioniert wie eine Tuba, die ihren Klang verloren hat. Die Verstopfung wird chronisch, der Bauch wölbt sich zu bizarren Dimensionen und die Darmentleerung wird zu einem seltenen Ereignis, das mehr mit Glück als mit normaler Physiologie zu tun hat.

Wie dramatisch diese Krankheit unbehandelt ihr Opfer zermürbt, zeigt eine Leiche, die 1937 in einem Felsunterstand nahe der Mündung des Rio Grande im südlichen Texas entdeckt wurde. Der Körper wurde durch die trocken-heißen Bedingungen auf natürliche Weise mumifiziert und gehörte einem Menschen aus einer prähistorischen Jäger-und-Sammler-Kultur. Die letzten Tage dieses Mannes müssen eine Kakofonie des Leidens gewesen sein. Monatelang konnte er kaum Stuhl absetzen, sein Bauch schwoll extrem an. Man kann sich die Ratlosigkeit seiner Stammesgenossen nur vorstellen, die wohl mit Kräutereinläufen und Gebeten versucht haben dürften, die Dämonen aus seinem gequälten Körper zu vertreiben. In seinen letzten Wochen, als feste Nahrung ihm buchstäblich wieder zum Hals herauskam, fütterte ihn seine Familie in einem Akt der Verzweiflung mit zerstoßenen Heuschrecken. Letztlich starb er qualvoll. Jahrhunderte später brachte die Autopsie seiner Mumie den Befund: Sein Dickdarm war auf das Sechsfache der normalen Größe geweitet. Ein klassisches Megakolon. Die moderne Labordiagnostik lieferte nach 1.200 Jahren die Beweise für ein uraltes Drama: Morbus Chagas im Endstadium.

## Das Herz als finale Bühne

Chagas ist ein geduldiger Gott des Desasters. Falls einem das Megakolon erspart bleibt, schlägt der Parasit mit Wucht woanders zu, beispielsweise im Herzen. Ebenfalls vergrößert und geschwächt, pumpt es mit der Kraft eines lecken Blasebalgs. Die Herzkammern weiten sich zu schlaffen Säcken, in denen sich Blutgerinnsel bilden – Miniatur-Torpedos, die darauf warten, irgendein lebenswichtiges Gefäß zu verstopfen. Die Betroffenen schnappen schon bei geringen Anstrengungen nach Luft, während sich der Schwindel bis zur Ohnmacht steigert. Kurzum: Das Herz wird zu einem unberechenbaren Uhrwerk.

Zwar liebt der Parasit Muskelzellen, geradezu versessen ist er aber auf Nervengewebe, wobei er sich auf leisen Sohlen ins Hirn schleicht. Entweder befällt er die Zellen der Blutgefäße oder er nutzt eine List:

Er versteckt sich im Inneren von Immunzellen, den Makrophagen, und lässt sich wie in einem Trojanischen Pferd über die Blut-Hirn-Schranke schmuggeln. Im Allerheiligsten angekommen, infiziert der Eindringling Neuronen und Gliazellen, was zu Entzündungen des Gehirns und der Hirnhäute führt. Ein Manöver, das vor allem bei immungeschwächten Personen sehr schnell sein volles Zerstörungspotenzial entfaltet.

Übersetzen wir das Gehörte in die nüchterne Sprache der Zahlen: Zehn von 100 Infizierten bezahlen den Kuss der Wanze mit dem Leben. Ein Tribut, der vor allem die Schwächsten trifft. Babys und Kleinkinder sind dem Eindringling schutzlos ausgeliefert: Ihr unausgereiftes Immunsystem hat der Invasion kaum etwas entgegenzusetzen. Jedes Jahr erblicken über 9.000 Neugeborene unter dem dunklen Stern von Chagas das Licht der Welt, infiziert im Mutterleib. Schätzungsweise 10.000 Menschenleben fordert die Krankheit jährlich. Die WHO zählt weltweit rund sieben Millionen Infizierte, doch das ist nur die Spitze des Eisbergs. Bis zu 100 Millionen Menschen leben allein in Lateinamerika unter ständiger Bedrohung, gefangen in einem Teufelskreis aus Armut, zugigen Lehmhütten und dem blutsaugenden Überträger. Doch selbst diese schockierenden Zahlen sind nur eine blasse Ahnung der Realität, denn Chagas wütet vor allem dort, wo die medizinische Statistik ebenso in Kinderschuhen steckt wie viele ihrer Opfer.

Das ist wahrscheinlich der Grund, warum die WHO die Krankheit als „vernachlässigt“ bezeichnet. Möglicherweise auch, weil sie keine medienwirksamen Bilder liefert wie Ebola, wo man binnen wenigen Tageen Blut spuckt. Doch es ist bekanntlich unklug, einen schwelenden Brand zu ignorieren, nur weil noch nicht alles lichterloh in Flammen steht.

## Steckbriefe mit Jesus-Trick

Angesichts dieser Schreckensbilanz muss man nach erfreulichen Nachrichten lange suchen, doch glücklicherweise gibt es sie: Wird Chagas frühzeitig enttarnt, sind die Heilungschancen durchaus vorhanden. Gerade in der akuten Phase ist der Parasit ein blutiger Anfänger und empfänglich für eine medikamentöse Abreibung. Das Problem? Man muss erst auf die Idee kommen, dass Chagas im Spiel sein könnte. In der ärztlichen Vorstellungswelt Mitteleuropas rangiert die Krankheit irgendwo zwischen Yeti-Sichtungen und Lottogewinn. Wer also aus Risikogebieten zurückkehrt und danach unter geheimnisvollen Symptomen leidet, sollte das seinen Ärzten auch sagen – selbst wenn Mediziner auf Google-Diagnosen reagieren wie Vampire auf Knoblauch. Aber besser eine genervte Ärztin als ein unentdeckter Parasit, der die Organe umdekorieren will. Die Offenheit zahlt sich aus, denn in der akuten Phase ist der T. cruzi vergleichsweise leicht zu finden. Er ist wie eine Einbrecherin, die vergisst, den Alarm abzudrehen.

Zwei Methoden stehen für die Ermittlung zur Verfügung: Zum einen der klassische Blutausstrich, bei dem ein Tropfen Blut auf einem Glasplättchen den umherschwimmenden Übeltäter unter dem Mikroskop in flagranti entlarvt. Zum anderen die PCR, die Polymerase-Kettenreaktion – ein molekularbiologischer Jesus-Trick. Statt Fische und Brot wird hier ein einziges, winziges Schnipselchen Parasiten-DNA so oft geklont, bis aus einem einzelnen Verdächtigen eine ganze Armee wird, die man nicht mehr übersehen kann. Eine forensische Spurensicherung auf höchstem Niveau, die selbst dann noch anschlägt, wenn sich die extrazellulären Formen des Parasiten rar machen.

In der chronischen Phase wird die Fahndung zum Geduldspiel. Der Einzeller hat sich längst aus der Öffentlichkeit zurückgezogen wie ein Politiker nach einem Sex-Skandal. Spätestens jetzt schlägt die Stunde der serologischen Tests. Die Logik dahinter: Wenn man die Täter nicht mehr findet, befragt man eben die Zeugen. Man wendet sich also nicht an den Parasiten direkt, sondern an das Immunsystem: „Entschuldigen Sie, hatten Sie in letzter Zeit Kontakt mit diesem Herrn?“ Verfahren wie ELISA (*Enzyme-Linked Immunosorbent Assay*) oder die Immunfluoreszenz suchen gezielt nach Antikörpern – jenen kleinen Protein-Sheriffs, die das Immunsystem als Reaktion auf den Eindringling produziert hat. Findet man sie, ist der Fall klar: T. cruzi war hier. Man kann sich das vorstellen wie ein Gästebuch des Immunsystems, in das sich der Parasit bei seiner Ankunft eingetragen hat. Die Unterschrift bleibt, selbst wenn er sich in einem Hotelzimmer verschanzt hat.

Chagas ist die Geduld in Parasitengestalt. Die Krankheit ist kein reißender Strom, sondern gleicht träge ansteigendem Grundwasser, das unbemerkt die Fundamente des Lebens unterspült. Genau diese quälende Langsamkeit ist die schärfste Waffe des Schmarotzers: Sie macht die Diagnose zum Glücksspiel und die chronische Form zu einem Termitenbefall, der das Gebälk des Lebens unsichtbar von innen aushöhlt. Das ist eine universelle Wahrheit, die für viele Bedrohungen gilt: Wer einem Feind Zeit gibt, sich häuslich einzurichten, hat den Kampf schon fast verloren. Nehmen Sie dies als wohlgemeinte Aufmunterung zur Vorsorge in allen Belangen des Lebens.

Deshalb setzt man in Lateinamerika auf eine Doppelstrategie aus chemischer Keule und architektonischer Abschreckung: Insektizide sollen die Wanzenpopulationen in Schach halten, während gehobene Wohnverhältnisse ihnen den Einzug verwehren. Zementwände statt Lehmbarrieren, Metalldächer statt Palmblattgestecke. Doch unser Darth Vader im Insektenkleid wäre kein angemessener Schurke, wäre er nicht so erstaunlich zäh. In manchen Regionen entwickelt die Wanze Resistenzen gegen die Gift-Duschen und spaziert nach kurzer Zeit wieder durch die Tür, als wäre nichts gewesen. Der Kampf ist auch kein einmaliger Schlagabtausch, sondern ein Wettrüsten. Deshalb tüftelt man an neuen, intelligenteren Maßnahmen:

insektizidhaltige Farben, die Wände in Todesfallen verwandeln, gemeinschaftliche Aufräumaktionen in den Dörfern und die schärfste Waffe von allen: Wissen. Und das ist bitter nötig, denn die Insektizide belasten Umwelt und Bevölkerung gleichermaßen. Daher basteln Forscher an der nächsten Evolutionsstufe: genetisch manipulierten Bakterien im Wanzendarm, die den Trypanosomen den Garaus machen sollen – Sabotage von innen, sozusagen.

## Weihnachten am Ballermann

Was bedeutet all das für Reisende? Wie groß ist die Gefahr, sich als Souvenir einen Parasiten einzufangen? Die erfreuliche Nachricht voran: Die Wahrscheinlichkeit ist etwa so hoch wie die, dass im Flugzeug nach Südamerika ein Fünfstern-Menü serviert wird, während Ihr Sitznachbar Gedichte von Rilke rezitiert, anstatt zu schnarchen. Theoretisch möglich, praktisch unwahrscheinlich, daher taucht das Thema in der klassischen Reiseberatung nur als Fußnote auf.

Doch die Statistik hat eine diebische Freude an Ausnahmen. Es gibt Fälle von Abenteurern, die nach einer Nacht in einer rustikalen Hütte in Costa Rica mit einem verdächtig geschwollenen Auge bei der Ärztin landen. Wer also plant, in Zelten, Lehmhütten oder ländlichen Regionen zu nächtigen – insbesondere in Hochrisikogebieten wie dem *Chaco* zwischen Bolivien, Paraguay und Argentinien –, sollte sich nicht nur über die besten lokalen Empanadas, sondern auch über die Übertragungswege der Chagas-Krankheit schlau machen.

Experten raten zur Heiligen Dreifaltigkeit der Insektenabwehr: Moskitonetze, imprägnierte Kleidung und Repellents. Das ist das Standard-Kit für alle, die ihre Rolle im nächtlichen Ökosystem nicht auf die eines wandelnden Buffets reduzieren wollen. Und das Robert Koch-Institut warnt sogar davor, dass frisch gepresste Säfte eine flüssige Gefahr darstellen, was dem Zuckerrohrsaft an der Copacabana einen gewissen Kick verleiht.

Bisher galt die Regel: Chagas ist ein exklusives Problem Lateinamerikas, so wie Tequila-Würmer oder Telenovelas mit 2.400 Folgen. Nur dort, so dachte man, leben die passenden infektiösen Wanzenarten. Doch die Welt ist in Bewegung und ihre blutsaugenden Bewohner sind es ebenso. Wissenschaftler der Goethe-Universität und der Senckenberg Gesellschaft spielten deshalb Reiseveranstalter für Parasiten und prüften mit ökologischen Modellrechnungen, wo sich die Chagas-Wanzen als Auswanderer am wohlsten fühlen würden. Das Ergebnis liest sich wie ein Horror-Reiseführer für den nächsten Sommerurlaub: Zwei Hauptarten der Wanze fänden im südlichen Europa – von Portugal über Spanien bis nach Frankreich und Italien – paradiesische Bedingungen vor: Sonne, Wärme und ahnungslose Touristen.

Und das ist keine reine Theorie. Eine Art, *Triatoma rubrofasciata*, war schon immer die Weltenbummlerin unter den Wanzen. Sie ist bereits bis an die Küsten Afrikas und Südostasiens gereist – die erste Raubwanze mit Fernweh. Speziell clever zeigt sich T. cruzi bei der Wahl seiner Geschäftspartner: In den südlichen USA hat der Parasit Hunde als Blut-Tankstellen rekrutiert. Sein Motto: „Wer des Menschen bester Freund ist, sollte auch meiner sein." Eine Freundschaftsanfrage, die man kaum ablehnen kann – vor allem, wenn man vier Beine hat und gerne Stöckchen holt. Die Forscher fordern daher, die Verbreitung der Chagas-Wanzen auf die internationale Fahndungsliste zu setzen. Denn was heute noch als exotische Tropenkrankheit durchgeht, könnte morgen als „Mitternachtskuss von Mallorca" in die Lehrbücher eingehen.

## Das Lied der Mumien

Hier zeigt sich der Klimawandel von seiner weniger beachteten Seite: Während wir uns um dahinschmelzende Gletscher und hungernde Eisbären sorgen, buchen tropische Krankheitserreger längst ihre One-Way-Tickets nach Europa. Je wärmer es wird, desto gemütlicher finden es Parasiten und ihre beflügelten Taxis auch in unseren Breitengraden. Die Chagas-Wanze ist dabei nur die Vorhut einer verborgenen Invasion, die im Windschatten der globalen Erwärmung auf uns zurollt. Klimaschutz ist deshalb nicht nur abstrakter Umweltschutz, sondern knallharter Selbstschutz. Denn wer möchte vom nächsten Italienurlaub schon mit einem lebenslang haltbaren, Organe zersetzenden Andenken zurückkehren?

So hallt das Echo der Geschichte aus den trockenen Weiten der Atacama-Wüste bis in die Gegenwart. Und während die Mumien der Chinchorro über die Jahrtausende hinweg ihr stummes Lied des Todes summen, hören wir heute andere Melodien. „It Started With a Kiss" von Hot Chocolate besingt die Magie des ersten Busserls; die Chinchorro-Mumien tragen die Narben des letzten. Zwischen diesen beiden Küssen liegt das ganze menschliche Drama: die Hoffnung auf die erfüllende Liebe und die Furcht vor dem, was uns im Dunkeln erwartet.

ParaMatch♡ Parasit sucht Wirt

Schistosoma haematobium, 5000+ Jahre

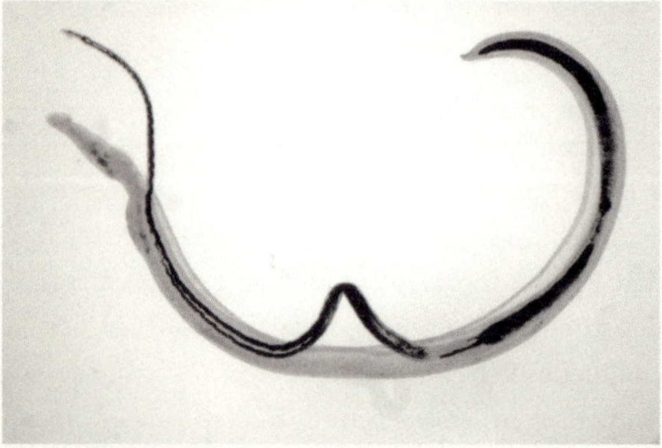

Was ich biete:

Hochzeitssuite mit Venenblick, romantische Ménage-à-trois, inklusive Bauchfalten-Kuschelsessions; Überraschungseier mit Sporn, kulturelle Integration seit den Pharaonen

Red flags:

Betonkanal-Fetischisten, amerikanische Flusskrebse

Über mich:

Alteingesessener Nil-Aristokrat mit Doppelleben – mal Schnecken-Squatter, mal Blutbahn-Bohème. Ich bin der Meister der molekularen Maskerade und kleide mich mit deinen Proteinen.

Was ich suche:

Du badest gern in langsam fließenden Gewässern? Perfekt! Du hast eine schwache Blase? Noch besser! Idealerweise betrachtest du Blut im Urin als kulturellen Meilenstein statt als medizinischen Notfall.

PM

# Kapitel 6 – Der Stachel in der Doppelkrone

15. April 1917: Vor der griechischen Insel Milos versenkt ein deutscher Torpedo die *SS Arcadian* – und mit ihr 279 Seelen. Unter den Toten: Marc Armand Ruffer, eine der schillerndsten Figuren der frühen Paläopathologie. Sein Körper verschwindet in der Ägäis. Sein wissenschaftliches Erbe aber wird überdauern – konserviert im Leinen der ägyptischen Mumien und im Kalkpanzer eines Parasiten, der mehr Tricks beherrscht als jeder Taschenspieler: *Schistosoma*, der Pärchenegel.

Ruffer war kein Mann für halbe Sachen. Er sog Wissen auf wie ein trockener Schwamm. Deutschland, Frankreich, England – überall sammelte er akademische Verdienste. In Paris forschte er unter Louis Pasteur an Tollwut, entwickelte später ein Serum gegen Diphtherie. Dann die Volte des Schicksals: Er erkrankte selbst daran. Schwere Lähmungen nötigten ihn zur Aufgabe einer Direktorenstelle in einem Londoner Institut. Eine Reise in ein milderes Klima – nach Ägypten – 1896 galt offiziell der Gesundheit. Inoffiziell sollte sie Geschichte schreiben. Denn ein Ruffer ruht nicht. In Kairo stieg er zum Professor für Bakteriologie auf, half, Cholera-Epidemien einzudämmen – und wandte sich dann dem zu, was in Ägypten in rauen Mengen vorlag: Mumien.

Er entwickelte eine Methode, um sprödes Gewebe zu erweichen – *Ruffer's solution* machte jahrtausendealte Zellstrukturen mikroskopierbar. Die Ergebnisse waren sensationell. Ruffer entlarvte unter anderem die Arteriosklerose als uraltes Leiden. Schon vor über 3.000 Jahren litten ägyptische Adelige der 18. Dynastie an verstopften Gefäßen.

Ruffer arbeitete sich weiter und – siehe da – wurde in der 20. Dynastie fündig. Das Neue Reich lief hier schon auf Reserve. Der Star Ramses III. war der letzte Pharao der Familie, der nochmal richtig aufdrehte und Ägypten gegen die anstürmenden Seevölker verteidigte. Aber der Feind, auf den der Forscher stieß, kam nicht aus dem Meer, sondern aus dem Flusswasser: In den mumifizierten Nieren der 20. Dynastie entdeckte er verkalkte Eier des Pärchenegels. Damit wurde er fast beiläufig zum Mitbegründer der Paläoparasitologie. Und ausgerechnet in der Ära der mächtigen Doppelkrone – jenem Symbol der Einheit von Ober- und Unterägypten – hatte sich ein winziger Parasit als beständigster Untertan der Pharaonen erwiesen: der Pärchenegel.

## Der Nil blutet

Werfen wir einen Blick unter die Bandagen der Mumien auf das, was von den großen Herrschern blieb. Genau dorthin, wo sich auch Marc Armand Ruffer mit Pinzette und Lupe um neue Erkenntnisse bemühte. Die Eier des Pärchenegels (*Schistosoma haematobium*), die er fand, waren kaum größer als ein Staubkorn. Schon als die Ägypter noch an den ersten Hieroglyphen feilten, trieb dieser Wurm in den Fluten des Nils sein Unwesen. Von dort aus drang er in die Körper der Menschen ein: vom Bauern, der knietief im Schlamm stand, bis zum Adeligen mit goldverzierten Sandalen. Gleiches Leid für alle. Die alten Ägypter ahnten wohl, dass da etwas nicht stimmte – in medizinischen Papyri taucht ein rätselhafter Begriff auf: a'a, – eine mysteriöse Blutung, was uns noch heute beim Aussprechen ein gewisses Unbehagen bereitet. Während sich an der Oberfläche Tempel und Pyramiden in die Höhe schraubten, schrieb Schistosoma im Verborgenen seine ganz eigene, blutige Chronik. Der Pendler zwischen Wasser- und Blutstrom prägte das Reich am Nil nachhaltiger, als es die Geschichtsbücher vermerkten.

Die alten Ägypter waren ein Volk mit inniger Bindung zu seinem Fluss: Der Nil war Lebensader, Gott und manchmal auch Tyrann. Man feierte ihn, brachte Opfer, maß jede seiner Regungen mit dem Nilometer – einer Art hydrologischem Fieberthermometer. Doch unter der glänzenden Oberfläche lauerte die dunkle Seite: Krokodile, Malaria, Schistosomiasis. Dieses Gleichgewicht zwischen Anbetung und Angst prägte jede große Flusskultur, die etwas auf sich hielt.

In Ägypten denkt man bekanntlich in Jahrtausenden, also springen wir mal eben ein paar davon vor: Als Napoleon 1798 ungebeten hereinschneite – und damit in Europas Schickeria eine regelrechte Ägyptomanie auslöste –, brachte er aber nicht nur militärische Taktiken mit, sondern auch einen Tross Gelehrter, Zeichner und Vermesser, die alles katalogisierten, was sie so im Wüstensand vorfanden. Was den mitgereisten Ärzten jedoch wirklich den Atem raubte: Männer, die menstruieren. Ja, Sie lesen richtig. Hinter dieser originellen Diagnose steckte – einmal mehr – der Pärchenegel.

## Auf die Schnecke, fertig, los!

Bis tief ins 19. Jahrhundert hinein wussten Mediziner nur: In Ägypten und anderen tropischen Regionen grassiert eine Krankheit, so mysteriös wie die Hieroglyphen selbst. Ihr auffälligstes Symptom: Blut im Urin – Hämaturie. Ein gruseliges kleines Geschäft. Darüber, was dahinter steckte, tappte man lange im Dunkeln. Dann, 1851, ein Lichtblick: Der junge deutsche Arzt Theodor Bilharz, tätig am Kasr-el-Aini-Krankenhaus in Kairo – quasi die Charité am Nil – obduzierte einen Patienten und fand im Beckenvenensystem fein säuberlich drapiert: Würmer. Dünn, beweglich – und, das Pikante: stets zu zweit. Wie ein unzertrennliches Liebespaar, nur weniger hinreißend. Bilharz, von Ruffer'schem Entdeckergeist gepackt, kombinierte messerscharf: Diese beiden Schlingel mussten etwas mit der blutigen Angelegenheit zu tun haben, die seinen Patienten gequält hatte. Und er hatte recht. Er war der Erste, der Schistosomen mit Hämaturie in Verbindung brachte. Die Würmer nannte er zunächst *Distomum haematobium*. Später wurde daraus – zu Ehren seines Entdeckers – *Bilharzia haematobium*. Und so kommt es, dass wir die Infektion mit dem Parasiten im Deutschen bis heute Bilharziose nennen.

Damit war die Bühne für ein wissenschaftliches Schaulaufen bereitet. 1902 warf Sir Patrick Manson, britischer Mediziner, seinen Tropenhelm in den Ring und richtete seinen Blick auf die Parasiten-Eier. Er entdeckte einen feinen seitlichen Dorn – ein Detail mit Konsequenzen. Manson ahnte sofort: Das war keine Laune der Natur, das war eine eigene Spezies! Und so wurde 1907 *Schistosoma mansoni* offiziell aufgespürt. Ein kleiner Dorn für den Wurm, ein großer Schritt für die Parasitologie.

Und dann, Auftritt Robert Leiper: Wieder ein Brite mit Spürsinn. 1915, während in Europa die Granaten flogen, reiste er nach Ägypten – nicht für Ruhm, sondern für Aufklärung. Sein Ziel: den Lebenszyklus der Schistosomen zu entschlüsseln. Das war kein fader Laborjob, sondern Detektivarbeit vom Feinsten, mit Sand zwischen den Zähnen. Leiper war der Sherlock Holmes unter den Wurmjägern. Und er knackte den Fall, denn es zeigte sich: Schistosomen hüpfen nicht von Mensch zu Mensch, sie brauchen Komplizen – Zwischenwirte.

Als solche wurden ausgerechnet harmlose Wasserschnecken auserkoren, nämlich *Bulinus truncatus* für S. haematobium und *Biomphalaria alexandrina* für S. mansoni: Diese Erkenntnis war der Durchbruch. Endlich wusste man, wo der Hebel anzusetzen war. Die Schneckenjagd war eröffnet!

## Dunkel die Flut, schwarz das Land

Werfen wir einen Blick in den Nil, das Schneckenwohnzimmer – Biologen sagen *Habitat* –, der den Ägyptern über Jahrtausende nicht nur das tägliche Brot, sondern auch unerwünschte Blutspenden bescherte. „Ägypten ist ein Geschenk des Nils", schrieb Herodot, der alte Influencer, vor gut 2.500 Jahren. Ein Satz, so oft zitiert, dass er heute mehr Patina angesetzt hat als eine Mumie in Rente. Doch Herodot hatte recht. Während andere Zivilisationen an der Wasserfrage scheiterten, ertränkte der Nil Ägypten in Fruchtbarkeit. Er war kein langweiliges Rinnsal, das durch die Wüste mäanderte – sondern die flüssige Seele, die pulsierende Aorta eines ganzen Volkes. Das schmale grüne Niltal und das Delta, wo der Strom sich ins Mittelmeer auffächert, sind seit Jahrtausenden die Bühne des ägyptischen Dramas.

Das Wunder des Nils war damals seine jährliche Überschwemmung, die berühmte Nilschwemme. Zwischen Juni und September schwoll der Fluss, ausgelöst durch Monsunregen im äthiopischen Hochland, an wie ein stolzer Gockel. Beim Rückzug hinterließ er dunklen, fruchtbaren Schlamm: die Kemet, das „schwarze Land", Ägyptens ursprünglicher Name. Der Fluss lieferte so nicht nur Wasser, sondern auch Dünger frei Haus. Reich an vulkanischen Mineralien, machte er Kunstdünger jahrtausendelang überflüssig – und das Land der Pharaonen zur Agrarmacht der Antike.

Wer so einen Schatz besitzt, muss ihn zum Glänzen bringen. Die ersten Bewässerungstechniken waren schlicht und genial: Das Bassin-System staute die Nilflut in künstlichen Becken. Wasser und Schlamm blieben wochenlang, bevor sie abgelassen wurden und das Land bereit für die Saat machten.

Zur Verlängerung der Bewässerung gruben die Ägypter ein Netz von Kanälen. Die Wartung war Knochenarbeit, aber es war auch die Grundlage einer zentralisierten Verwaltung, die Keimzelle der Hochkultur.

Irgendwann kam das *Schaduf*. Ein Hebel mit Gegengewicht, der Wasser aus dem Fluss hob. Eine Erfindung aus dem Neuen Reich, Vorläufer der archimedischen Schraube, gefolgt von dem von Ochsen betriebenen Sakieh-Wasserrad – einem klugen Import der Römer. Bewässerung wurde zur Wissenschaft. Den großen Wurf machte Muhammad Ali Pascha im 19. Jahrhundert. Er ließ den Delta-Barrage-Damm bauen, die erste moderne Stauwehr am Nil. Ein Gamechanger, denn Ägypten wechselte von saisonaler zu ganzjähriger Bewässerung. Plötzlich konnten stark wasserhungrige Pflanzen wie Baumwolle angebaut werden, ein wirtschaftlicher Quantensprung. Den Höhepunkt markierte 1970 schließlich der Assuan-Hochdamm, ein Denkmal kurzsichtiger Ambitionen. Der jahrtausendealte Rhythmus der Nilflut? Vorbei! Aus dem ungestümen, launischen Fluss wurde ein gezähmter Dienstleister. Der Nasser-Stausee speichert genug Wasser für mehrere Dürrejahre und garantiert ganzjährige Bewässerung, Dauerkulturen, Schutz vor Fluten und vor allem Strom im Überfluss. Doch wie bei jedem großen Versprechen gab es auch hier Kleingedrucktes.

Denn an dieser Stelle kommen die Tücken ins Spiel, wenn man einschneidend in natürliche Systeme eingreift. Die ausgeklügelten Bewässerungssysteme verwandelten die Landschaft zwar in ein Paradies für den Menschen, aber eben auch für die Wasserschnecken. Das Labyrinth aus langsam fließenden Kanälen, Pumpen und Gräben wurde zum Turbo für ihre Verbreitung. Und diese schleimigen Tierchen sind nun mal das auserwählte Fünf-Sterne-Hotel des Pärchenegels.

## Ich schau dir in die Augen, Schnecke!

Doch wie sichert der Pärchenegel seinen Fortbestand? Es beginnt klassisch: mit einem Ei. Landet dieses, je nach Egelart, über menschlichen Urin oder Stuhl im Süßwasser – egal ob Tümpel, Kanal oder

der gute alte Nil –, schlüpfen daraus Larven mit Flimmerhärchen, *Mirazidien* genannt. Es sind winzige, bewimperte Torpedos auf Mission (wir gedenken an dieser Stelle kurz Marc Armand Ruffers). Mit 50 bis 100 Mikrometern sind sie kaum dicker als ein menschliches Haar. Mirazidien sind kleine Wunderwerke, ausgestattet mit *photosensitiven Pigmentbechern, apikalen Drüsenkomplexen* und *Terebratorien.* Was nach Fachchinesisch klingt, entpuppt sich als High-Tech-Ausrüstung für den perfekten Einbruch, denn die Physiologie dieses Parasiten ist ein Meisterstück der Evolution. Ein Spezialkommando im Miniaturformat, ausgestattet mit Nachtsichtgerät, Säurespritze und Bohrgerät, und das alles in einem Organismus, der kleiner ist als ein Sandkorn: Beginnen wir mit dem Nachtsichtgerät – *photosensitive Pigmentbecher*: Primitive Augen, die dem Mirazidium erlauben, Licht und Dunkelheit zu unterscheiden. Klingt harmlos, bis man bedenkt, dass die Mini-Schwimmer damit gezielt die schattigen Uferbereiche ansteuern, wo ihre Schneckenwirte mit Vorliebe abhängen. Schließlich ist unter den Blinden der Einäugige König, sofern er weiß, wo der Thron seiner ahnungslosen Opfer steht. Für den eigentlichen Einbruch sorgen dann *apikale Drüsenkomplexe*: Das sind chemische Dietriche an der Larvenspitze. Schritt eins: Man nehme eine ahnungslose Schnecke. Schritt zwei: Man appliziere großzügig den Enzym-Cocktail und warte, bis alles, was vorher an dieser Stelle Weichteile war, sich in den Zustand „Schnecken-Smoothie“ verwandelt. Schritt drei: Eindringen, ohne anzuklopfen. Den nötigen Antrieb liefern schließlich *Terebratorien*: Mikroskopische Bohrköpfe mit eingebautem Kraftwerk. Während das Mirazidium in die Schnecke eindringt, versorgen diese Strukturen die „Einbruchswerkzeuge“ mit dem nötigen Saft.

Darwin hätte wohl anerkennend genickt. Und die Schnecke? Die bemerkt den Einbruch meist erst, wenn es zu spät ist. So läuft das bei parasitären Ninja-Kriegern, wo David regelmäßig in Goliath einbricht – und ihn anschließend von innen aushöhlt. Doch die

Mirazidien attackieren nicht jeden x-beliebigen Schleimbeutel. Oh nein, der Parasit ist wählerisch und erkennt seine auserwählten Opfer an chemischen Signalen. Reservewirte? Fehlanzeige. Dieser Einbruch ist keine grobe Rambo-Aktion, sondern hochselektive Präzisionsarbeit!

Im Falle von S. haematobium sind es meist Schnecken der Gattung *Bulinus*, die sich in langsam fließenden Gewässern des Nils und der Tropen gütlich tun. Einmal in der Schnecke – aus Parasitensicht ein Brutkasten mit Herz –, legt das Mirazidium los: Es startet eine wahre Orgie der Klonierung, durchläuft diverse ungeschlechtliche Vermehrungsphasen. Aus dem einen Mirazidium werden *Sporozysten* und darin reifen unzählige neue Larven heran: die *Zerkarien*, die sich dann munter im Schneckengewebe vermehren, bevorzugt in der Verdauungsdrüse.

## Der Kampf ums Schneckenhaus

Man möchte meinen, ein stattliches Weichtier habe dem mikroskopischen Angreifer etwas entgegenzusetzen. Und tatsächlich: Wehrlos ist die Schnecke nicht. Ihr angeborenes Immunsystem schickt mobile Abwehrzellen, die *Hämocyten*, auf Patrouille durch ihr *Hämolymphsystem*. Deren Auftrag, sobald sie Eindringlinge erkennen: umzingeln, festsetzen und eliminieren. Mit ihrem toxischen Arsenal können die Zell-Soldaten frisch eingedrungenen Parasitenlarven durchaus den Garaus machen.

Doch Schistosoma wäre kein Überlebenskünstler, hätte er nicht die Raffinesse, um diese erste Verteidigungslinie zu durchbrechen. Seine nächste Entwicklungsstufe, die Sporozyste, ist ein Meister der chemischen Kriegsführung. Sie setzt spezielle Moleküle frei – exkretorisch-sekretorische (ES) Substanzen –, die wie Störsender die Immunzellen der Schnecke lahmlegen. Ein Paradebeispiel: das Enzym *SmLeish*. Dieses Protein sitzt nicht nur auf der Oberfläche der

Sporozysten, sondern wird auch aktiv in die Umgebung abgegeben, ein präventiver Nebelwerfer. Die Wirkung: SmLeish macht die Hämocyten träge. Ihre reduzierte Beweglichkeit erschwert die Einkapselung und Tötung der Parasitenlarven dramatisch. Wie entscheidend diese Sabotageakte sind, zeigen Experimente: Blockiert man die Produktion von SmLeish, erwachen die Abwehrkräfte der Schnecke zu neuem Leben.

Damit er im Schneckenkörper nicht sofort als Feind erkannt und hinausgeworfen wird, greift der Parasit zu einem weiteren Kniff: der *molekularen Mimikry*. Wie infiltriert man eine feindliche Festung? Man zieht die Uniform des Gegners an! Schistosoma macht es ähnlich: Seine Larven und ihre Ausscheidungen tragen ein „Zuckermäntelchen" – ein *Glykosylierungsmuster*, wie Wissenschaftler es nennen –, das den körpereigenen Molekülen der Schnecke zum Verwechseln ähnelt. Der Parasit hüllt sich also in die Nationaltracht seiner Wirtin, wedelt quasi mit dem richtigen Fähnchen. Das Ergebnis: Das Immunsystem der Schnecke kann den Eindringling kaum noch vom eigenen Gewebe unterscheiden.

Doch Tarnung allein genügt nicht. Die Parasitenlarven – wahre biochemische Genies – produzieren Substanzen, die direkt ins Hormonsystem der Schnecke eingreifen. Sie imitieren körpereigene Botenstoffe, vor allem jene, welche die Immunreaktionen dämpfen. Es ist, als verabreiche der Parasit der Schnecke ein Beruhigungsmittel, das gezielt ihre Hämocyten trifft. Die Schnecke gibt quasi selbst das Signal, die Waffen niederzulegen, während der Feind sich einnistet.

Doch die Finesse des Parasiten endet hier nicht. Die Schnecke verfügt nicht nur über zelluläre Abwehrtruppen, sondern auch über „Fahnder" in ihrer Körperflüssigkeit: *fibrinogenartige Proteine (FREPs)*. Ihre Mission: an die Oberfläche von Eindringlingen binden und sie als Zielscheibe markieren. Aber die Schistosoma-Larven sind Meister der Maskerade. Sie besitzen eine ganze Palette von Oberflächenmolekülen, die sie unablässig verändern – als wechselten sie ständig ihr Kostüm, um den FREP-Fahndern zu entwischen. Dieses molekulare Wettrüsten, ein evolutionäres Katz-und-Maus-Spiel auf Zellebene, entscheidet über Leben und Tod.

Eine Infektion mit dem Pärchenegel bedeutet für die Schnecke nicht bloß einen harmlosen Schnupfen, sondern die völlige körperliche Enteignung. Der Parasit bewirkt eine drastische, für ihn jedoch äußerst nützliche Kastration und sorgt so dafür, dass Energie und Nährstoffe vor allem ihm zugutekommen. Die energieintensive Fortpflanzung der Schnecke wird abgeschaltet und schon wenige Tage nach der Infektion endet die Familienplanung des Weichtiers. Stattdessen zwingt der Eindringling seine Wirtin, alle Ressourcen in das Wachstum und die Freisetzung seiner eigenen Brut zu investieren. Dahinter stecken tiefgreifende Eingriffe in das Hormonsystem: Der Parasit kapert und deaktiviert Botenstoffe, die normalerweise Wachstum und Fortpflanzung steuern. Die Schnecke verkümmert, bleibt klein und stellt ihre Reproduktion ein – ein lebender Inkubator im Dienst des Feindes.

Man könnte meinen, der Pärchenegel habe mit der Kastration seiner Wirtin und der Neutralisierung der Immunabwehr sein Meisterstück vollbracht. Doch der Schmarotzer hat weitere perfide Strategien, um seinen Nachwuchs erfolgreich weiterzuverbreiten. Kaum in der Schnecke angekommen, beginnen die Sporozysten, ein wenig umzudekorieren. Sie aktivieren ein Protein – dessen Name, *venom allergen-like protein* (Gift-Allergen-ähnliches Protein), bereits Böses ahnen lässt: Dieses Protein gibt der Schnecke den unmissverständlichen Befehl, ein Enzym zu produzieren, das ihr eigenes Bindegewebe zersetzt. Wie sonst ließe sich in einer vollgestellten Wohnung ein Kindergarten für die wachsende Parasitenschar anlegen? Man könnte sagen: Der Parasit agiert als Innenarchitekt und Abrissbirne in Personalunion – und die Schnecke zahlt die Rechnung mit ihrer eigenen Substanz.

## Harte Erleuchtung für weiche Birnen

Die Manipulation beschränkt sich nicht nur auf Immunsystem und Stoffwechsel. Der Pärchenegel greift auch ins Gehirn ein und verändert das Verhalten des Schleimers. Ein anschauliches Beispiel ist die plötzliche Vorliebe für Licht, die sogenannte *Phototaxis*. Viele Süßwasserschnecken meiden von Natur aus Helligkeit; sie sind kleine Vampire des Teichgrunds, die sich ins Dunkle verkrümeln. Doch sobald bestimmte Schistosoma-Arten sie infizieren, entwickeln sie eine fast obsessive Leidenschaft für lichtdurchflutete Oberflächengewässer. Hinter dieser bizarren Verwandlung vom Höhlenbewohner zum Sonnenanbeter steckt freilich ein Plan. Die Zerkarien – die nächste Generation in Schistosomas dynastischer Erfolgsgeschichte – sollen zur Rush Hour des Wasserkontakts entlassen werden. Denn der Parasit weiß: Menschen sind Gewohnheitstiere. Fischer kommen morgens, Bäuerinnen holen mittags Wasser, Familien plantschen nachmittags. Also programmiert er seine Schnecken auf Tageslicht – für maximale Trefferquote. Diese Manipulation scheint artspezifisch zu sein. Im Reich der Parasiten gilt: maßgeschneiderte Lösungen für unterschiedliche Wirte. Einige Schnecken werden erleuchtet, andere bleiben ihrem Schattenleben treu.

Ein weiterer verhaltensorigineller Aspekt ist die reduzierte Flucht- und Abwehrreaktion gegenüber Fressfeinden. Eine gesunde Schnecke, die einen Flusskrebs oder Raubfisch sieht, versucht naturgemäß zu entkommen, sich im Schlamm zu vergraben oder aus dem Fenster zu springen – was auch immer hilft, nicht verspeist zu werden. Infizierte Schnecken hingegen entwickeln eine Art Todessehnsucht. Sie reagieren kaum auf Gefahr und scheinen sich ihren Fressfeinden geradezu anzubiedern.

Man könnte meinen, das sei aus Parasitensicht ein Schuss ins eigene Knie. Stirbt die Schnecke, ist es auch um ihn geschehen. Warum also diese selbstzerstörerische Verhaltensmanipulation? Die Wissenschaftler rätseln noch. Eine Hypothese ist, dass die Infektion die Schnecke einfach schwächt – eine Art Kollateralschaden, keine gezielte Manipulation. Die alternative und, man muss sagen, deutlich faszinierendere Spekulation: Der Parasit spielt ein riskantes, aber kalkuliertes Spiel – einen „kompromissbehafteten Schachzug", wie es in der Fachliteratur heißt. Das Kalkül dahinter: Jede zusätzliche Minute, die die Schnecke furchtlos im offenen Wasser dahindümpelt, bevor sie zur Mahlzeit wird, ist eine Minute mehr, um noch ein paar Zerkarien in die Freiheit zu entlassen. Kurzfristiger Übertragungserfolg triumphiert über das langfristige Wohl der Zwischenwirtin (und damit auch der Parasiten in ihr).

Die Zerkarien, die nächste Generation von Haut-Perforierern, verlassen ihre Wirte aktiv, meist tagsüber, wenn es warm ist und die Chancen gut stehen, „nach Hause zu kommen", also auf die Endwirtin zu wechseln. Und wie machen sie das? Sie nutzen die Atemöffnung der Schnecke als Ausgang. Es ist, als würden sie einfach durch die offene Haustür spazieren, ohne sich auch nur umzudrehen.

## Bauchwohnung mit Leberblick

Nach ihrer Zeit als Teenager-Parasiten in der Schnecken-WG sind die freischwimmenden Zerkarien bereit für den nächsten Karriereschritt. Als gabelschwänzige Teufelchen lauern sie in kontaminierten Gewässern auf ihre Endwirte. Beim Eindringen in die menschliche Haut werfen sie ebendiesen Schwanz ab und vollziehen den ersten Akt der Invasion. Chemische Reize lenken sie wie Rollbahnlichter zur Punktlandung. Mit Enzymen, ihren chemischen Bohrern, durchdringen sie die Hautbarriere, als wäre sie aus Butter. Es ist, als würde dieselbe Einbruchstechnik in verschiedenen Banken zweimal funktionieren. Nach erfolgreichem Grenzübertritt verwandeln sich die Larven in der oberen Hautschicht zu *Schistosomulae*.

Nachdem unser Derma-Rambo die Grenzkontrollen überwunden hat, entert er das körpereigene Autobahnnetz, den Blutstrom des Menschen. Sein erster großer Stopp sind die Blutgefäße der Leber. Hier, im gemütlichen Ambiente der größten Drüse des menschlichen Körpers, suchen die heranwachsenden Parasiten ihre Gefährten fürs Leben. Und jetzt wird es endlich romantisch: Die Würmer sind getrenntgeschlechtlich. Keine Zwitterwesen, die sich selbst genügen, wie manch andere Saugwurm-Spezies. Nein, Schistosomen sind Traditionalisten und bilden dauerhafte Lebensgemeinschaften. Was die Leber verbunden hat, soll der Mensch nicht trennen! Das Weibchen, meist schlanker, kuschelt sich in eine Bauchfurche des kräftigeren Männchens – daher der charmante Name: Pärchenegel. Romeo gibt der Beziehung Struktur und Halt, Julia verleiht ihr Tiefe und Substanz. Zusammen bilden sie das berühmteste Liebespaar der Parasitologie.

Nachdem das innige Bündnis in der Leber geschlossen wurde, macht sich das Pärchen auf den Weg zu seinem endgültigen Liebesnest. Ganz wie im richtigen Leben gibt es unterschiedliche Geschmäcker, je nach Schistosoma-Art. S. mansoni und S. japonicum sind eher intestinale Typen und lassen sich in den Venen rund um die Darmschlingen nieder. S. haematobium hat ein Faible für die Blase, genauer gesagt deren Gefäßsystem. Jedem Tierchen sein Pläsierchen! Am Zielort ihrer Träume, in trauter Zweisamkeit, beginnen sie mit der Eierproduktion. Ein zusammengeschweißtes Duett in Akkordarbeit für den Arterhalt.

Das Ergebnis dieses unermüdlichen Liebesspiels: Eier. Und zwar in rauen Mengen. Ein Weibchen legt Hunderte pro Tag, und das über eine Lebensspanne von fünf bis zehn Jahren. Diese kleinen Zeitbomben, unscheinbar geformt, aber mit einem fiesen Dorn versehen, bohren sich mit Enzymen und roher Gewalt durch die Gefäßwände. Bei S. haematobium landen sie in der Schleimhaut der Harnblase, von wo aus der Weg nach draußen mit dem Urin als Transportmittel vorgezeichnet ist – was, nach all den Darmwürmern, die wir bisher kennengelernt haben, eine willkommene Abwechslung ist.

Der Lebenszyklus des Schistosoma ist eine Ode an die Schlichtheit, eine Ohrfeige für komplexitätsverliebte Lebensformen. Man entlässt den Nachwuchs mittels einer dezenten Eiablage aus der menschlichen Endwirtin und dieser Nachwuchs dringt mit einer Geradlinigkeit, an der es bei manch anderer Parasitenart mangelt, direkt in die nächste Wirtin ein. Ein Kreislauf, so schlicht, so elegant, so unverschämt erfolgreich. Dabei erreichen wir jetzt erst den Höhepunkt dieser Reise: das Überleben im menschlichen Organismus!

## Eierversand per Schneckenpost

Man möchte meinen, nach dem Überlebenskampf in der Schnecke hätte sich der Pärchenegel eine Atempause verdient. Doch im menschlichen Körper, einem Gegner von ganz anderem Format, beginnt die eigentliche Herausforderung. Hier lauert ein hochentwickeltes Immunsystem, angeboren wie adaptiv, bereit, unvorbereitete Eindringlinge durch den Reißwolf zu drehen. Aber Schistosoma wäre nicht einer der erfolgreichsten Parasiten der Welt, hätte er nicht auch für den Sturm auf diese Festung die passenden Taktiken parat. Interessanterweise verzichtet der Wurm darauf, das Verhalten seiner menschlichen Wirtin direkt zu manipulieren. Das Drama spielt sich stattdessen vornehmlich auf der immunologischen und molekularen Bühne ab, garniert mit einigen hormonellen Finessen. Denn der Wurm muss nicht nur überleben; er muss sicherstellen, dass seine Eier – sein ganzer Lebenszweck – die Wirtin wieder verlassen. Und dafür, man höre und staune, benötigt er die unfreiwillige Mithilfe des menschlichen Immunsystems.

Der Pärchenegel hat das Strategie-Handbuch unserer Körperabwehr über Jahrtausende hinweg bis ins Detail studiert. Sein oberstes Ziel: die vernichtende Keule einer gezielten Immunreaktion, inklusive Antikörper-Antwort, zu vermeiden und stattdessen die Wirtin dazu zu bringen, seine Eier auszubrüten und passieren zu lassen.

Schon der erste Akt dieses Vorhabens, das Eindringen der Zerkarienlarven durch die Haut, ist ein Meisterstück subversivster Diplomatie. Normalerweise würde solch ein Grenzübertritt alle Alarmglocken schrillen lassen und eine *Th1-dominierte Immunantwort* auslösen. Stellen Sie sich diese als Befehl zum Generalangriff vor: Sie mobilisiert die Spezialtruppen des Immunsystems, die darauf trainiert sind, von Viren oder Bakterien befallene Körperzellen direkt zu attackieren und zu eliminieren – quasi die Elite, die mit gezogenen Kurzschwertern anrückt, um Feinde im Inneren der eigenen Reihen niederzumachen. Ihr Ziel ist die radikale Beseitigung der Bedrohung, oft unter Inkaufnahme von Kollateralschäden an Fleisch und Blut.

Doch Schistosoma, dieser durchtriebene Hannibal, dreht den Spieß um. Er lenkt das immunologische Orchester sanft in Richtung einer *Th2-Antwort*. Diese bekämpft größere, extrazelluläre Eindringlinge wie Würmer und ist ebenso für allergische Reaktionen zuständig, indem sie auf andere Waffensysteme setzt. Statt direkter Zellzerstörung fördert die Th2-Antwort die Produktion von Antikörpern und ruft spezialisierte Kampftruppen herbei: die *Eosinophilen*. Diese Immunzellen sind „Wurmkammerjäger". Sie sind vollgepackt mit giftigen Proteinen in ihren Granula – kleinen Bläschen im Zellinneren. Bei Kontakt mit einem Parasiten wie Schistosoma *degranulieren* sie, das heißt, sie feuern die toxischen Substanzen wie eine Schrotladung auf die Oberfläche des Wurms. Diese sollen den Parasiten schädigen, seine äußere Hülle angreifen und ihn töten oder zumindest seine Beweglichkeit und Lebensfähigkeit einschränken. Die Th2-Antwort zielt allerdings auch darauf ab, Entzündungen zu kontrollieren und Gewebereparaturen zu fördern, daher die eher „deeskalierenden" und entzündungshemmenden Signale, die sie aussendet – ein Versuch, die Schlacht nicht zu zerstörerisch für den eigenen Körper werden zu lassen. Doch bei der Beseitigung der raffinierten, sich ständig tarnenden und reparierenden Schistosoma-

Würmer ist diese an sich potente Th2-Antwort mitsamt ihrer Eosinophilen-Artillerie etwa so effektiv wie die Bemühungen, einen Panzer mit Wattebäuschen zu stoppen. Der Parasit hat im Laufe der Evolution gelernt, diese Angriffe weitgehend zu überstehen, die toxischen Substanzen zu neutralisieren oder seine Oberfläche so schnell zu erneuern, dass die Attacken ins Leere gehen. Der Wurm lenkt das Immunsystem also auf einen Pfad, der zwar prinzipiell gegen ihn gerichtet ist, aber gegen seine spezifischen Verteidigungsmechanismen nicht durchschlagend wirken kann.

Die Raffinesse der Parasitenlarven geht aber noch weiter: Sie bringen die Hautzellen der Wirtin dazu, Prostaglandine zu produzieren. Diese Gewebshormone wirken ebenfalls entzündungshemmend und erweitern die Blutgefäße. Praktisch, wenn der Wurm schnell in die nächste Blutbahn einbiegen will. Aus einer potenziellen Kampfzone wird so eine erstaunlich freundliche Umgebung für den Eindringling. Haben die Würmer den Blutkreislauf erreicht und eine betriebswirtschaftlich relevante Größe entwickelt, beginnt das Schauspiel: ein subtiles Ringen mit dem Immunsystem. Ein erwachsener Wurm kann sich jahrelang in der Wirtin vergnügen, ein lebender, windender Beweis seines subversiven Könnens. Kein blinder Passagier, eher ein Agent Provocateur.

Der nächste Schwenk in diesem Drama ist eindrucksvoll, denn er bewegt das Immunsystem dazu, eine „Leben und leben lassen"-Haltung einzunehmen, die ihm zupasskommt. Und nun der Clou: die Nachwuchslogistik. Das Immunsystem bildet um die Eier – und der Parasit ist bekanntlich sehr produktiv – kleine Kapseln, sogenannte Granulome. Eine gut gemeinte Geste, um Fremdkörper zu isolieren. Doch der Wurm nutzt diese zelluläre Quarantänestation nicht im Sinne des Erfinders. Die Wurmeier forcieren stattdessen selbst die Signale, um in Granulome gesperrt zu werden, denn die mutieren zu Ei-Mobilen, die die Brut aktiv durch die Darmwand oder Blasenschleimhaut nach außen transportieren. Der Wurm missbraucht also das Immunsystem als Ei-Ausschleusungs-Service. Ohne diese inszenierte Schlepperdienstleistung würden die Eier im Gewebe stecken bleiben.

Die Sache hat freilich einen Haken: Ein erheblicher Teil der Eier versandet im System, verirrt sich wie schlecht adressierte Pakete und nistet sich in Organen wie Leber oder Blase ein. Dort verursachen sie ständige Irritationen, ergo chronische Entzündungen, bekannt als Schistosomiasis oder Bilharziose. Für menschliche Wirte bedeutet dies langfristig Organschäden und Vernarbungen – die Leberzirrhose als trauriges Souvenir einer unbemerkten Invasion. Für den Wurm? Ein Kollateralschaden seiner expansiven Familienplanung, bedauerlich vielleicht, aber für das große Ganze unbedeutend. Eine Dreistigkeit, die man fast bewundern könnte, wäre sie nicht so persönlich.

## Ein Parasit mit Wechselbeschwerden

Menschen, die eine chronische Schistosoma-Infektion erdulden, weisen erwartungsgemäß erhöhte Mengen regulatorischer T-Zellen auf – jener Friedensstifter des Immunsystems, die wir bereits kennengelernt haben (siehe Seite 86). Begleitet werden sie von einer Flut besänftigender Botenstoffe. Die Wurmeier selbst scheiden zudem das *Soluble Egg Antigen* (SEA) aus, ein Spitzenprodukt der Immunmanipulation. SEA kurbelt die für den Wurm harmlose Th2-Immunität an und dämpft so die gefährlichen Th1-Antworten. Die Wirkung von SEA ist derart erstaunlich, dass Wissenschaftler darüber nachdenken, es als Therapeutikum gegen Autoimmunerkrankungen einzusetzen.

Durch diese unaufhörliche Berieselung mit wurmischen Freundschaftssignalen unterliegt das Immunsystem der Wirtin einer subtilen Gehirnwäsche, wird also zu einem Stockholm-Syndrom auf zellulärer Ebene genötigt: Es lernt, die Würmer zu dulden. *Conco-*

*mitant Immunity* nennt das die Wissenschaft, was im Grunde bedeutet, dass die etablierten Besatzer geduldet werden, während man Neuankömmlinge mit der vollen Härte des immunologischen Gesetzes konfrontiert. Ein Waffenstillstand, bei dem der Wurm die Bedingungen diktiert, als wäre er Mitglied des Sicherheitsrates mit Vetorecht. So bleibt die Wurmlast für die Wirtin auf einem stabilen Niveau. Die eingenisteten Parasiten vermeiden geschickt eine Eskalation, die auch ihr eigenes Ende bedeuten würde.

Neben der Gehirnwäsche des Immunsystems hat der Pärchenegel noch eine weitere Taktik: die molekulare Tarnung. Der ausgewachsene Wurm lebt in unseren Blutgefäßen, die eigentlich unter ständiger Überwachung durch Antikörper und das Komplementsystem stehen. Doch der Schistosoma bleibt entspannt. Sein Geheimnis? Eine einzigartige Körperoberfläche, das *Tegument*. Diese Haut zieht körpereigene Eiweiße des Menschen an und bindet sie. So hüllt sich der Parasit in einen Mantel aus menschlichem Material. Er tapeziert sich mit unseren eigenen Proteinen, darunter Antikörper, Bestandteile des Komplementsystems und MHC-Moleküle (der Personalausweis unserer Zellen, der verkündet: „Ich gehöre hierher!"). Und ja, das erinnert verblüffend an Hollywood-Serienmörder. Doch der Vergleich hinkt, denn gegen die Raffinesse des Pärchenegels ist Hannibal Lecter nur ein blutiger Amateur.

Und während ein Schneehase sein Winterfell abwirft, um im Sommer nicht aufzufallen, schält sich dieser Parasit selbst, indem er ständig seinen Tegument-Tarnanzug erneuert. Sollten sich doch verräterische Antikörper an ihm festkrallen, werden sie mitsamt dem alten Mantel abgestoßen. Außerdem hat der Schistosoma in seinem Tegument Enzyme eingebaut, die Gefahrensignale neutralisieren. Diese Signale könnten Entzündungsreaktionen und Blutverklumpung fördern und das Immunsystem alarmieren.

Dank seines Schutzschildes gleitet der Parasit unbemerkt durch unseren Blutstrom.

Zum Abschluss wird es richtig intim: Der langjährige Untermieter stiehlt nicht nur die körpereigenen Proteine, sondern hört auch unsere Hormonsignale ab. Gen-Analysen zeigen, dass Schistosoma über Rezeptoren für menschliche Hormone verfügt. Er hat Antennen für unsere Sexualhormone, für Retinsäure (wichtig für Wachstum und Entwicklung) und sogar für insulinähnliche Botenstoffe. Das bedeutet, der Parasit nimmt wahr, was in unserem Körper so alles passiert. Man stelle sich vor, der Wurm reagiert auf Pubertätsschübe, Wechseljahresbeschwerden oder die hormonellen Schwankungen während einer Schwangerschaft und passt daraufhin seine eigene Entwicklung an. Konkrete Belege dafür gibt es nicht, aber die Idee ist durchaus naheliegend. Es ist freilich eine schaurige Vorstellung, dass unser persönlicher Hormonhaushalt direkten Einfluss auf das Wohlbefinden eines Schmarotzers haben könnte.

Doch damit nicht genug – der Parasit ist kein passiver Zuhörer, er sendet auch selbst. Er gibt bioaktive Substanzen ab, die auf unsere Zellen wie Hormone wirken. Ein herausragendes raffiniertes Beispiel sind Bläschen, sogenannte *extrazelluläre Vesikel*, die die erwachsenen Würmer ins menschliche Blut entlassen. Diese Vesikel sind vollgepackt mit Schistosoma-eigenen Mikro-RNAs. Das sind winzige Moleküle, die unsere Immunzellen aufnehmen können und die dann die Aktivität unserer Gene beeinflussen. Konkret wurde gezeigt, dass eine bestimmte schistosomale Mikro-RNA in unseren T-Helferzellen ein wichtiges Gen blockiert und dadurch einen zentralen Signalweg stört, der für die Spezialisierung von Abwehrzellen zuständig ist. Anders ausgedrückt: Der Parasit hackt sich in unsere Immunzellen und schaltet wichtige Verteidigungsprogramme einfach aus. Mit Fug und Recht kann Schistosoma offiziell zum Immunflüsterer ernannt werden: „Keine Panik, Leute, alles unter Kontrolle – unter meiner Kontrolle!“

## Baden Sie weiter, hier gibt es nichts zu sehen

Nach all diesen Meisterstücken der Manipulation fragt man sich unweigerlich: Wann setzt der Wurm zum *finale furioso* an und verwandelt uns in willenlose Zombies mit einer unbändigen Lust auf Schnecken-Sushi? Wann zwingt er uns, unsere Freizeit in schlammigen Tümpeln zu verbringen? Doch der Pärchenegel verzichtet auf solch plumpe Effekthascherei. Seine Strategie ist subtiler. Er spielt das lange Spiel, denn seine vielleicht wichtigste Wesensart ist die Kunst der Zurückhaltung. Statt uns mit bizarren Gelüsten zu plagen, wirft er die Tarnkappe der Unscheinbarkeit über. Die erste Phase der Infektion äußert sich in ein bisschen Abgeschlagenheit, möglicherweise einem leichten Frösteln – nichts, was man nicht mit zu wenig Schlaf oder Wetterfühligkeit abtun könnte. Der Parasit inszeniert seine Ankunft als eine derart harmlose Lappalie, dass die Wirtin nicht im Traum daran denkt, ihr Verhalten zu ändern. Und genau darauf spekuliert der Wurm. Warum die Wirtin mit hohem Fieber ans Bett fesseln, wenn sie als ahnungslose, mobile Wasserträgerin viel nützlicher ist? Jeder Gang zum Fluss, jeder Arbeitstag auf dem bewässerten Feld wird so zu einer unbewussten Rückfahrkarte für die nächste Generation von Eiern. Der Parasit sorgt für eine trügerische Ruhe, nicht aus Güte, sondern aus reinem Eigennutz. Er drosselt die Symptome, damit sein menschliches Vehikel den Betrieb nicht einstellt. Eine fast friedvolle, aber langfristige Investition in die Zukunft.

Freilich ist diese Phase nur die Ruhe vor dem Sturm. Sobald die Wurmpopulation eine kritische Masse erreicht hat und die Eierproduktion auf Hochtouren läuft, wechselt der Parasit seine Taktik von subtiler Tarnung zu brutaler Effizienz. Er braucht keine Gedankenkontrolle, denn jetzt lässt er die Krankheitssymptome für sich arbeiten – als hintertriebenen, körperlichen Zwang.

Nehmen wir Schistosoma haematobium, den Spezialisten für die Harnblase. Er verwandelt das Organ seiner Wirtin in eine entzündete, blutende Tropfsteinhöhle. Das Resultat: ein ständiger, schmerzhafter Harndrang. Betroffene müssen bei jeder Gelegenheit die kostbare Fracht aus Eiern in die Landschaft – idealerweise ins nächste Gewässer – entlassen. Die Darm-Variante des Pärchenegels arbeitet nach einem ähnlichen Prinzip, nur mit einem anderen Ausgang: Chronischer Durchfall sorgt für eine zuverlässige und regelmäßige Entleerung des infektiösen Materials. Der Parasit macht unseren Körper zu einer Bomberstaffel, die ihre zerstörerische Fracht genau im Zielgebiet abwirft.

Und hier kommt der Clou, der die Begabung des Parasiten, uns zu täuschen, unterstreicht: Wir haben nicht nur gelernt, mit den Symptomen zu leben, wir haben sie in unsere Kultur integriert. Wenn das klassische Zeichen der Blasenbilharziose – Blut im Urin – bei jungen Männern nicht als Krankheit, sondern als stolzer Beweis des Mannwerdens gilt („Ägypten ist das einzige Land, in dem Männer menstruieren"), hat der Parasit das Spiel gewonnen. Er muss keine Fäden ziehen. Er lehnt sich einfach zurück und schaut zu, wie wir seine destruktive Kraft als Meilenstein des Lebens adeln und feiern. Eine perfidere Form der Unterwerfung ist kaum vorstellbar.

## Eine schrecklich unfreundliche Familie

Wir sollten Schistosoma aber nicht als einen einzelnen Bösewicht betrachten. Es handelt sich vielmehr um eine illustre Sippschaft von Pärchenegeln, jede Art mit eigenen Marotten, bevorzugten Reisezielen und perfiden Tricks. Der Lebenszyklus – Schnecke, Mensch, viel Leid – ist allen gemein, doch der Teufel steckt im Detail.

Lernen wir die Familie kennen: *S. haematobium*, der alte Nil-Haudegen. Er treibt sich vor allem in Afrika und dem Nahen Osten herum und verursacht die urogenitale Schistosomiasis. Sein bevorzugter Komplize ist die Schnecke Bulinus und am wohlsten fühlt er sich in langsam fließenden Gewässern. Ein echter Traditionalist unter den Schmarotzern. Ganz anders sein weltenbummlerischer Cousin *S. mansoni*. Mit dem Sklavenhandel gelangte er als blinder Passagier nach Südamerika und sorgt dort seither für Unruhe. Auch in Afrika und im Nahen Osten ist er gefürchtet. Er spezialisiert sich auf die Darmbilharziose und seine Schneckenwirte, die Biomphalaria-Arten, sind ebenso anpassungsfähig und reisefreudig wie er. In Ägypten teilt er sich das Revier mit seinem Cousin, bevorzugt jedoch das feuchte Nildelta. Ein echter Kosmopolit eben. In punkto Vielseitigkeit übertrifft sie aber alle *S. japonicum*, der Rockstar der Familie, wohl am meisten. Heimisch in Ostasien, ist er der Casanova unter den Würmern und alles andere als wählerisch: Über 40 Säugetierarten sind auf seiner Speisekarte gelistet, darunter Rinder, Wasserbüffel und diverse Nagetiere. Ein Multitasking-Parasit, der die Kontrolle seiner Verbreitung zum Albtraum macht. Seine Zwischenwirtin, die Sumpfschnecke Oncomelania, scheint seine polygame Ader zu tolerieren.

Im Schatten dieser Berühmtheiten lauern weitere Spezialisten. Da wäre *S. mekongi*, benannt nach dem gleichnamigen Fluss, der in Südostasien, vor allem in Laos und Kambodscha, für besonders schwere Krankheitsverläufe bekannt ist. Dazu gesellen sich zusätzliche Verwandte aus Zentralafrika wie *S. guineensis* und *S. intercalatum*. Als wäre das nicht genug, hat die Familie begonnen zu experimentieren. In Senegal und sogar auf Korsika haben sich menschliche und tierische Schistosomen gekreuzt und unheilige Allianzen gebildet. Diese Hybriden erobern neue ökologische Nischen und zeigen eine erschreckende Anpassungsfähigkeit. Ein Ausbruch auf Korsika im Jahr 2013 war ein Weckruf. Insgesamt hat sich diese Sippschaft in 78 Ländern breitgemacht, wobei sie ihre Schreckensherrschaft vor allem in Afrika ausübt, wo über 90 Prozent der Erkrankungen auftreten.

## Der Feind meines Feindes hat Scheren

Man könnte meinen, die alten Ägypter hätten mit Mumien und Grabflüchen genug unheimliche Erbschaften hinterlassen. Doch ein weiterer Schrecken plagt das Land bis heute, wenngleich in milderer Form. Waren früher alle gesellschaftlichen Schichten betroffen, so leiden im modernen Ägypten hauptsächlich die Ärmsten: Insbesondere Kinder, die in trüben Tümpeln flüchtige Freude suchen, eines der wenigen Vergnügen in einem entbehrungsreichen Leben, werden zur leichten Beute. Die Folge ist ein Drama von epidemischem Ausmaß. Infizierte Jugendliche, deren Körper von chronischen Entzündungen und schleichender Blutarmut gezeichnet sind, schleppen sich kraftlos durch den Schulalltag, ihre Zukunftschancen schwinden mit jedem Tag. Erwachsene, die auf den Feldern oder in Fischerbooten um ihr Überleben kämpfen, erliegen einer unsichtbaren Last – ständige Müdigkeit, quälende Schmerzen, das langsame Versagen der Organe. Ein Teufelskreis aus Armut und Krankheit hält ganze Gemeinschaften seit Jahrtausenden im Würgegriff, während das Gesundheitssystem unter der Last der zahllosen chronisch Kranken ächzt. Der Pärchenegel zersetzt nicht nur einzelne Körper, sondern eine ganze Gesellschaft.

Doch Ägypten, das Land, das wie kein anderes unter der Geißel des Wurms litt, beschloss, dem Fluch des Nils die Stirn zu bieten. Nach der Unabhängigkeit in den 1960er-Jahren begann ein zäher, jahrzehntelanger Kampf. Ein entscheidender Wendepunkt kam mit der Entdeckung von *Praziquantel* – einem Medikament, das für den Pärchenegel das ist, was Knoblauch für Vampire sein soll. Diese Wunderwaffe eröffnete eine neue Front: die Massentherapie. Millionen von Schulkindern und Erwachsenen erhielten regelmäßig Tabletten, um die Wurmlast zu senken. Parallel dazu erklärte man den schleimigen Komplizen des Wurms, den Wasserschnecken, den Krieg – mit chemischen Keulen und durch den Ausbau von Bewässerungskanälen mit glatten Betonwänden, die den Schnecken das

Leben zur Hölle machen sollten, aber nur mäßig erfolgreich waren. Und dann, in den 1980er-Jahren, mischte sich ein unerwarteter Akteur ins Geschehen: der amerikanische Flusskrebs, *Procambarus clarkii*.

Ursprünglich für die Aquakultur in den Nil importiert, entpuppte sich dieser Einwanderer als ein ökologischer Joker – eine hochriskante Karte, die das gesamte Spiel hätte ruinieren können. Denn normalerweise ist das Aussetzen invasiver Spezies oft ein todsicheres Rezept für eine Katastrophe, die heimische Ökosysteme kollabieren lässt und unvorhersehbare Schäden anrichtet – von der Verdrängung lokaler Arten bis zur Einschleppung unbekannter Seuchen. Doch in diesem Fall geschah das Unfassbare: Der neue Bewohner entwickelte einen leidenschaftlichen Appetit auf genau die Schnecken, die dem Pärchenegel als Wirte dienten. Er vermehrte sich explosionsartig und startete ein ungeplantes, aber höchst effektives biologisches Kontrollprogramm. Manchmal schreibt die Realität die skurrilsten Geschichten, in denen man aus reiner Verzweiflung mit dem Feuer spielt und zufällig nicht selbst verbrennt, sondern der Gegner.

Die Erfolge der konzertierten Aktionen ließen nicht lange auf sich warten. Mitte der 1980er-Jahre begann die landesweite Infektionsrate mit S. haematobium in Ägypten zu sinken – von dramatischen 30 bis 40 Prozent auf unter 5 Prozent in den 1990er-Jahren. Die Zahl der Blasenkrebsfälle, eine häufige und tödliche Folge der chronischen Harnbilharziose, ging deutlich zurück. Bis 2016 lag die geschätzte Infektionsrate nur noch bei etwa 0,2 Prozent.

Doch der Kampf ist nicht gewonnen. Verbliebene Infektionsherde lauern wie schlafende Drachen. Die WHO zählt Schistosomiasis weiterhin zu den vernachlässigten Tropenkrankheiten und ihre vollständige Ausrottung in Afrika ist ein fernes Ziel. Es liegt eine Ironie in der Geschichte Ägyptens. Derselbe majestätische Nil, der das Land zur Wiege der Zivilisation erhob, ihm unermesslichen

Reichtum und eine einzigartige Kultur schenkte, barg auch den Keim unsäglicher Leiden. Mit jeder Erweiterung der bewässerten Flächen explodierte die Zahl der Bilharziose-Fälle. Der Assuan-Hochdamm, einst als triumphales Symbol der Moderne gefeiert, goss Öl ins Feuer. Der Pärchenegel, dieser stille Profiteur menschlichen Strebens, ist somit mehr als nur ein Krankheitserreger. Er ist ein Mahnmal, das uns daran erinnert, dass Fortschritt einen Preis hat. Und dass der Kampf gegen die Feinde der Menschheit Geduld, Intelligenz und manchmal auch Zufälle erfordert. In diesem Fall in Form eines Schneckenjägers aus Übersee mit Scheren und großem Appetit.

ParaMatch♡ Parasit sucht Wirt

Cymothoa exigua, einige Millionen Jahre

**Was ich biete:**

Eine revolutionäre Zungenprothese – du wirst zum Gesprächsthema jeder Unterwasser-Party (auch wenn du Probleme haben wirst, mitzuplaudern. Aber über sich selbst zu reden, ist sowieso cringe).

**Red flags:**

Fische ohne Kiemen, neugierige Zahnärzte, Fische mit übertriebenen Besitzansprüchen

**Über mich:**

Ich bin der Michelangelo deiner Mundhöhle, eine Bildhauerin, die mit lebendem Gewebe arbeitet und Perfektion durch Reduktion anstrebt. Ich bin die Muse, die deinen Geschmack neu definiert.

**Was ich suche:**

Du bist ein Fisch mit großem Mundwerk, idealerweise ein Snapper, und verstehst, dass wahrer Fortschritt manchmal bedeutet, ein Stück von sich selbst zurückzulassen?

PM

# Kapitel 7 –
# Der Fisch, der seine Zunge verliert

Nichts macht uns mehr Angst als der Verlust unseres Geistes. Die Vorstellung, Erinnerungen, Liebe und Leidenschaften zu verlieren und damit die Kontrolle über das eigene Leben, ist für viele der blanke Horror. Dabei ignorieren wir, dass wir längst von Kreaturen umgeben sind, die genau das perfektioniert haben: das Ausschalten fremden Willens, von Wünschen und Trieben.

Die Natur ist voll von Marionettenspielern, die ihre Fäden so geschickt ziehen, dass ihre Opfer nicht einmal bemerken, dass sie zur Puppe geworden sind. Von Pilzen, die Ameisen zu wandelnden Sporenschleudern machen, bis zu Parasiten, die Insekten in lebende Kamikaze-Bomber verwandeln – vielfach herrscht ein dämonisches Schauspiel der Fremdbestimmung. Die Gerissensten unter den Schmarotzer haben sogar gelernt, mehrere Wirte gleichzeitig zu manipulieren wie Admiräle eine Flotte von Geisterschiffen.

Was diese Geschöpfe virtuos beherrschen, ist eine ganz besondere Art der Überzeugungskunst. Sie flüstern ihren Opfern nicht „Spring!" zu, sondern sorgen dafür, dass diese plötzlich Höhen lieben. Sie befehlen nicht: „Stirb für mich!", sondern machen das Sterben zu einem unwiderstehlichen Verlangen. Es ist Manipulation in ihrer reinsten Form – so subtil, dass selbst Niccolò Machiavelli etwas lernen könnte.

„Quem não tem cabeça, o corpo padece."
(„Wer keinen Kopf hat, leidet mit dem Körper.")
portugiesisches Sprichwort

Unsere Reise in das Panoptikum der albtraumhaften Parasiten beginnt mit einem Pilz. Dieses faszinierende Lebewesen ist weder Pflanze noch Tier, sondern lebt in seiner eigenen Dimension. Pilze können überall auftauchen, vom Obstkorb bis zu den tiefsten Urwäldern. Sie bestehen aus feinen Fäden, den *Hyphen,* die sich zu einem Netzwerk namens *Myzel* verbinden. Vergessen Sie dabei die klassischen Pilze – auf gut österreichisch „Schwammerl" – mit Hut und Stiel, unser Parasit ist ein ganz anderes Kaliber. Dieses Myzel gehört zum unsichtbaren Internet der Natur, das Nährstoffe aus der Umgebung aufnimmt. Manche Pilze sind winzig, andere so groß wie ein Baum. Einige nisten sich in Lebewesen ein, wie etwa *Ophiocordyceps unilateralis*, der Ameisen zu willenlosen Puppen macht und dabei – wie wir noch erkennen werden – auf die Uhr sieht.

Der Pilz lebt in tropischen Regenwäldern weltweit, vom Amazonas über Zentralafrika bis Sumatra und Borneo. Für seine Verbreitung braucht er schattige Waldgebiete mit hoher Luftfeuchtigkeit und eine ziemlich präzise Fallhöhe von etwa 25 Zentimetern – sozusagen die perfekte Absprungrampe für seine Sporen. Da er hartnäckig darauf besteht, selbst nicht zu klettern, hat er eine einzigartige Methode entwickelt: Er überzeugt bestimmte Ameisenarten, ihm zu helfen. Die Pilzsporen schweben in der Luft (falls sie sich fragen, wie Schwammerl in Ihre Dachrinne kommen) und landen idealerweise auf Rossameisen (in dieser Hinsicht scheint der Pilz sehr heikel zu sein). Dort keimen sie aus und durchdringen die Außenhülle der Hautflügler, indem sie spezielle Enzyme absondern.

Im Körper der Wirtin entwickelt der Pilz ein Hyphennetzwerk, während das Gehirn der Ameise weitgehend intakt bleibt. Die Manipulation erfolgt also nicht durch Gehirnkontrolle, sondern durch die Übernahme der Kaumuskulatur. Der Pilz bildet dazu ein spezielles Netzwerk um die Mundwerk-Muskelstränge der Ameise und setzt dort chemische Verbindungen sowie kleine RNA-Stücke frei, welche die genetischen Informationen weitertragen. Diese Botschaften sind so raffiniert, dass sie die motorischen Nervenzellen (das sind jene Neuronen, die die Muskulatur steuern) umprogrammieren. Es ist, als würde jemand die Anschlüsse in Ihrem Zuhause so umleiten, dass die Heizung angeht, wenn Sie das Licht einschalten.

Die befallene Ameise verlässt ihre Kolonie, erklimmt in einem letzten Kraftakt einen Pflanzenstängel und sucht gezielt Orte mit spezifischen mikroklimatischen Bedingungen auf – etwa 25 Zentimeter über dem Waldboden, bei 94 bis 95 Prozent Luftfeuchtigkeit und 20 bis 25 Grad Celsius. In dieser präzise gewählten „Todeszone" vollzieht sie das letzte Sakrament eines gekaperten Lebens: Die Ameise verbeißt sich mit ihren Kiefern an der Blattunterseite. Ein Biss, der auch posthum nicht nachlässt, während der Pilz in ihrem Körper heranreift. Dabei bestimmt er sogar den Zeitpunkt des Zubeißens, typischerweise zwischen 11.00 und 14.00 Uhr – die Siesta des letzten Seufzers, was auf eine Manipulation des ameiseninternen Chronometers hindeutet.

Nachdem die Ameise ihren letzten Atemzug getan hat, wächst ein langer Stiel (*Stroma*) aus ihrem Kopf – man könnte es die Antenne ins Jenseits nennen. An deren Ende thront der Fruchtkörper, prall gefüllt mit den infektiösen Nachkommen des Eroberers. Von dieser erhöhten Position aus, einer Kanzel des Verderbens, werden die Sporen freigesetzt, um weitere ahnungslose Ameisen in Marionetten zu verwandeln. So wurden in den Regionen Thailands regelrechte Zombie-Ameisen-Friedhöfe gefunden. Und so schließt sich der Kreis im feuchten Dickicht: Was als winziger Sporenhauch begann, endet in einem Ameisenteppich, der uns erschrecken mag, aber den Wald düngt. Und falls Ihnen das zu morbide klingt, trösten Sie sich: Der Regisseur dieser Schauergeschichte ist kaum ein Zehntelmillimeter groß und dennoch zu faul, um 25 Zentimeter hochzuklettern.

„The most potent weapon in the hands of the oppressor is the mind of the oppressed."
(„Die wirksamste Waffe des Unterdrückers ist der Geist des Unterdrückten.")

– Steve Biko

Pilze sind aber nicht die einzigen Meister der mentalen Fernsteuerung im Tierreich. Manche Wespen inszenieren ihre Übergriffe mit einer Fertigkeit, die selbst erfahrene Neurochirurgen erstaunen würde. Ihr Meisterwerk: die Verwandlung argloser Opfer in lebende Brut- und Speisekammern. Würde man der raffiniertesten Kidnapperin auf sechs Beinen, der Juwelwespe (*Ampulex compressa*), einen Empfang bereiten, sie würde wohl zu den Klängen von Hitchcocks *Psycho* einfliegen. Ihre Methode ist ein Albtraum, so perfide, dass selbst abgebrühte Gruselfans nach dem Baldrian suchen. Tatsächlich hat sie auch eine berühmte Horrorszene inspiriert, aber warten Sie ab!

Dieses blaugrüne Juwel des Terrors, ursprünglich ein Kind der Tropen und Subtropen Afrikas und Asiens, hat ihre Siebensachen (sechs Beine und einen Stachel) gepackt, um eine globale Tournee zu starten. Man trifft sie inzwischen auch beim Chillen auf Hawaii, beim Rum-Verkosten in der Karibik und beim Inspizieren von Altersresidenzen in Florida. Selbst Südeuropa ist vor ihrer Invasion nicht mehr sicher. Ihr Vorsatz: Wo eine Schabe lebt, bevorzugt die *Amerikanische Großschabe*, da ist auch mein Operationssaal nicht weit.

Zoomen wir direkt ins Drama: Die Juwelwespe nähert sich einer ahnungslosen Kakerlake. Es ist aber kein plumpes Überwältigen, das wäre unter ihrer Würde. Hier geht es um subtile Gedankenkontrolle, eine Dressurnummer mit einem klar definierten Ende. Der erste Akt ist ein gezielter Stich, ein mikrochirurgischer Eingriff in einen Nervenknoten der Schabenbrust – ein winziges Ziel von nur Bruchteilen eines Millimeters. Dadurch nehmen die Vorderbeine der Schabe, eben noch bereit zur Flucht, eine Auszeit. Diese zeitlich begrenzte Lähmung dient der Treffsicherheit, denn der eigentliche Geniestreich, der zweite, heiklere Stich, erfordert ein ruhiges Händchen. Oder besser: einen stoisch zitterfesten Stachel. Eine zappelnde Patientin wäre fatal. Die Wespe erweist sich als Meisterin der Insekten-Akupunktur und führt ihren Stachel durch die zarte Halshaut der Schabe, ihre Achillesferse, ein, wo sie einen Neurotoxin-Cocktail direkt ins Gehirn injiziert. Zielgenau in jenes Areal, das für Eigeninitiative und Fluchtreflexe zuständig ist. Ein Zehntelmillimeter daneben und die ganze Vorstellung würde platzen. Doch die Juwelwespe kennt die neuronale Landkarte ihrer Opfer bis ins Detail. Dieser zweite Stich führt zum kompletten Systemabsturz im Schabengehirn: Er lähmt nicht die Muskeln, sondern den Willen. Die Kakerlake, eben noch ein Symbol für fast beispiellose Überlebenskunst, wird zum Zombie. Sie kann noch tapsen und sich sogar putzen. Aber der eigene Wille? Irreparabel beschädigt, permanent offline.

Nachdem die Kapitulation der Schabe besiegelt ist, gönnt sich die Chirurgin einen kleinen Aperitif. Sie knabbert die Antennen ihres Opfers zu handlichen Stümpfen – quasi ergonomische Griffe für den späteren Transport – und schlürft etwas Hämolymphe. Frisch gestärkt packt sie dann einen der Antennenstümpfe und führt die größere Schabe wie einen gebrochenen Ochsen an der Leine in ihr Brutnest: zumeist eine kuschelige Erdhöhle. Manche Forscher vermuten, es gäbe hier noch einen finalen Stich, um die Beine der Schabe in die perfekte Position für die bevorstehende Eiablage zu zwingen. Präzisionsarbeit bis zuletzt.

Die Eiablage selbst ist ebenfalls ein Akt höchster Akribie, denn die schlüpfende Larve ist anfangs kein Sprintertyp. Sie braucht eine Babyklappe, eine Sollbruchstelle im Chitin-Korsett, um sich in die Speisekammer hineinzubohren, die Mama besorgt hat. Und dann, die Mutter ist längst auf und davon, beginnt das große Fressen: Die

Schabe, noch lebendig, aber seelisch im Jenseits, wird von innen aufgefressen. Ganz sachte, versteht sich, zuerst die nicht-lebenswichtigen Organe, denn wer will schon, dass das atmende Festmahl vorzeitig verdirbt und die Stimmung in der Höhle kippt? Nach einigen Tagen lukullischer Hingabe ist die Schabe endgültig ausgelutscht. Die Larve, wohlgenährt und kugelrund, verpuppt sich in der endlich entseelten Hülle, einem Ein-Raum-Appartement mit morbidem Charme, um demnächst als smaragdgrüne Diva das Licht der Welt zu erblicken.

Kommt Ihnen dieses Szenario bekannt vor? Ein flüchtiges Déjàvu aus dem abgedunkelten Kinosessel? Genau, die Drehbuchautoren des Films *Alien* aus dem Jahr 1979 haben für ihre Inspiration nicht tief in kosmischen Abgründen oder Fantasy-Fantasien gewühlt, sondern möglicherweise nur einen Dokumentarfilm über parasitierende Wespen gesehen. Wenn im Film das außerirdische Monster aus dem Brustkorb bricht, ist das eine cineastische Verbeugung vor Mutter Natur. Der wahre Horror lauert also nicht immer in den unergründlichen Weiten des Alls, manchmal sitzt er direkt in unserem Garten.

Eine Wirtin lebendig und gefügig zu machen, ist eine Sache. Den eigenen Nachwuchs vom Opfer beschützen zu lassen – das ist Perfektion. Wir gehen weiter zu einer Kollegin im Wespenreich, die das Glück direkt an den Beinen packt – und zwar buchstäblich.

## „The tail wagging the dog." („Der Schwanz wedelt mit dem Hund.")

Eine Wirtin bei Laune zu halten, während man sie innerlich ausweidet – das ist schon eine Kunst für sich. Sie aber dazu zu bringen, den Nachwuchs ihres Peinigers mit dem eigenen Leben zu verteidigen, als wäre es der Heilige Gral: Das ist die absolute Kür der parasitären Manipulation. Wir verweilen im illustren Kreis jener Wespen, die ihre Kinderkrippe elegant in ahnungslose Dritte auslagern. Im Rampenlicht: die Marienkäfer-Brackwespe, *Dinocampus coccinellae*, ein global agierender Spezialist für unfreiwillige Patenschaften. Ihr bevorzugtes Opfer ist der allseits beliebte VIP unter den Glücksbringern: der Siebenpunkt-Marienkäfer, *Coccinella septempunctata*. Wir rollen den roten Teppich mit schwarzen Punkten für einen Albtraum aus, den Sie nicht so schnell vergessen werden: Das Brackwespenweibchen, ein Winzling mit wenigen Millimetern und ebenfalls mit einem Talent für millimeterpräzise Platzierungsarbeit gesegnet, legt ein einziges Ei zielsicher in eine Marienkäfer-Dame. Allein das grenzt an ein Wunder: Während wir Menschen beim Geschlechter-Raten im Insektenreich kläglich versagen, navigiert diese Wespe mühelos durchs Labyrinth der Käfer-Pheromone. Die schlüpfende Larve macht es sich im Glückskäfer gemütlich und wächst zu einem kleinen Gourmet heran, der sich an Fettkörper und Geschlechtsdrüsen seiner Wirtin labt – eine Diät, die die Marienkäferdame zunächst am Leben lässt, sie aber ihrer Zukunft beraubt. Nach rund drei Wochen des Schmarotzens bohrt sich der Nachwuchs dann aus dem Hinterleib der Wirtin. Diese, nunmehr eine lebende Statue, verharrt lethargisch über dem Kokon, den die Larve flugs zwischen ihren Beinen spinnt. Eine Leibwächterin wider Willen, erstarrt in Ergebenheit.

Man könnte glauben, nach dem Schauspiel der Juwelwespe könne uns nichts mehr erstaunen. Doch die Brackwespe setzt noch ein i-Tüpfelchen darauf, denn mit dem Ei tritt ein unsichtbarer Komplize auf den Plan: ein Virus. Dieses Trojanische Pferdchen erwacht erst zum Leben, wenn die Wespenlarve den Käfer verlassen hat. Dann, und nur dann, kapert das Virus das Nervensystem des Marienkäfers, löst Lähmungen und charakteristische Zuckungen aus. Wir erleben hier ein erstes belegtes Beispiel, in dem ein Parasit eine „Biowaffe" nutzt, um das Verhalten seiner Wirten zu steuern. Der vom Pech verfolgte Glückskäfer mutiert zum Bodyguard Deluxe. Obwohl der Parasit mittlerweile ausgezogen ist, bewacht der Käfer den Kokon mit einer Hingabe, die an Mutterliebe erinnert. Nähert sich ein Fressfeind – sei es ein anderes Insekt oder eine aufdringliche Ameise –, zuckt und vibriert der Käfer, ein biologisches Alarmsystem, das die Überlebenschancen der Wespenpuppe deutlich erhöht.

Lange fragten sich die Forscher, was dieses post-parasitische Schutzschild-Verhalten auslöst. Die Virus-Hypothese brachte eine Antwort: Ein RNA-Virus namens DcPV (*Dinocampus coccinellae Paralysis Virus*) zieht die Fäden. Das DcPV ist nicht irgendein dahergelaufener Krankheitserreger; es lebt in einer erstaunlichen Symbiose mit der Brackwespe, ein Produkt koevolutionärer Rüstungsspiralen. Im Genital- und Verdauungstrakt der erwachsenen Wespen ist das Virus Dauergast, ohne ihnen zu schaden – ein Pakt mit dem Teufel, der sich für die Wespe auszahlt. Mit dem Ei wird nebenher das Virus in den Marienkäfer eingeschleust. Während die Wespenlarve im Käfer heranreift, vermehrt sich das Virus im Gehirn der Wirtin zunächst unauffällig, fast schon schüchtern. Doch sobald der Wespennachwuchs das Feld räumt, explodiert die Viruskonzentration im Gehirn. Die Folge: eine virale Hirninvasion, die den Käfer in einen zuckenden, wehrhaften Zombie verwandelt.

Das Geniale an dieser Inszenierung ist das Timing. Solange die Wespenlarve im Marienkäfer schmaust und gedeiht, wartet das Virus geduldig, wie ein Schauspieler hinter der Bühne. Erst wenn die Larve den Käfer verlässt und ihren seidenen Kokon unter dessen Bauch zu spinnen beginnt, wird das Virus aktiv. Man vermutet, dass biochemische Signale, die beim Austritt der Larve freigesetzt werden, den viralen Weckruf auslösen – ein perfekt choreografiertes Naturschauspiel.

Gibt es denn für die Wirte zumindest die Aussicht auf ein Happy End? Einen Hoffnungsschimmer am Horizont des Psychothrillers? Nun, nach wenigen Tagen schlüpft die junge Wespe und für die Marienkäfer ist die Show vorbei, denn das Virus fordert seinen tödlichen Tribut. Doch die Natur liebt die Ausnahme: Rund ein Drittel der befallenen Marienkäfer übersteht den Albtraum. Geschwächt, aber am Leben, kehren die unfreiwilligen Babysitter, wenngleich kastriert, zurück in ihr Leben. Bei der Fortpflanzung der Brackwespe mischt also nicht nur die Wespe selbst, sondern auch ein Virus kräftig mit. Doch wie unser nächstes Beispiel zeigen wird, sind Viren durchaus solo in der Lage, ihre Wirte zu spektakulären, oft selbstmörderischen Handlungen zu zwingen – mit einem Finale, das hoch oben in den Baumwipfeln stattfindet.

## „Je höher man steigt, desto tiefer fällt man."

Manchmal ist der Drang, nach den Sternen zu greifen, kein Zeichen von Ehrgeiz, sondern ein Todesurteil. Unterzeichnet von einem Virus. Für damit infizierte Raupen bedeutet der Aufstieg in die Baumkrone nicht Freiheit, sondern ihr Ende. Und gleichzeitig die Geburt einer neuen Virusgeneration.

Das Virus an sich ist kein typischer Parasit aus dem Lehrbuch, aber die Grenzen sind fließend. Man nennt sie Zellparasiten, weil sie sich nur innerhalb lebender Zellen vermehren können: Klassische Schmarotzer, vom einzelligen Plasmodium bis zum dreißig Meter langen Riesenbandwurm im Wal, sind echte Lebewesen mit mindestens einer Zelle, eigenem Stoffwechsel und Fortpflanzungsdrang. Sie atmen, verdauen, scheiden aus und reagieren auf ihre Umwelt – kurz gesagt, sie führen ein eigenständiges Leben, auch wenn sie es auf Kosten anderer tun. Viren hingegen sind die Asketen unter den Quälgeistern: ein bisschen Genmaterial hier, eine Proteinhülle dort und fertig ist die Biowaffe. Kein eigener Stoffwechsel, keine Zellstruktur, keine selbstständige Vermehrung. Sie sind auf eine Wirtszelle angewiesen, die sie kapern, um sich zu vervielfältigen.

Dennoch möchten wir die *Baculoviren* beschreiben. Diese illustre Familie von DNA-Viren haben es ausschließlich auf Insekten abgesehen – vorzugsweise auf Schmetterlingsraupen. Bemerkenswert sind sie vor allem, weil sie im Gegensatz zu den meisten Viren, die ihr Unwesen diskret auf Zellebene treiben, auf Verhaltensmanipulation geschult sind: Willkommen zur „Baumwipfelkrankheit".

Das *Lymantria dispar NP* Virus (LdMNPV), ein Spezialist für die Nachtfalterart der Schwammspinner (*Lymantria dispar)*, besitzt eine Wundersequenz namens *egt*. Dieses Gen löst bei den Raupen der Falter einen veritablen Höhenrausch aus. Üblicherweise pappen die Weibchen im Sommer bis zu 500 Eier – durch Afterwolle kuschelig verpackt – an Baumstämme; ihren Namen verdanken sie diesen schwammartigen Gelegen. Aus den Eiern schlüpfen im Frühjahr die Raupen. Nach mehreren Häutungen, bei denen sie an Umfang und an typischer blau-roter Warzenpracht zulegen, entwickeln sie ab dem dritten Larvenstadium Brennhaare, die ihrem Namen auf menschlicher Haut alle Ehre machen. Diese Raupen, zunächst an jungen, später an älteren Blättern knabbernd, können bei Massenvermehrung ganze Eichenwälder in Skelettlandschaften verwandeln.

Normalerweise signalisiert ein Anstieg des Häutungshormons Ecdyson der Raupe irgendwann: Fresspause, abwärts zu einem geschützten Ort für Häutung oder Verpuppung! Doch das LdMNPV hat andere Pläne. Es nimmt der Raupe den Häutungsimpuls, indem sein egt-Gen das Ecdyson lahmlegt. Der Larve wird dadurch ein ewiger Frühling vorgegaukelt; sie frisst unaufhaltsam weiter und klettert dabei immer höher. Quasi eine Raupe Nimmersatt auf Speed, die, in den Baumwipfeln angelangt, das Zeitliche segnet. Ihr Körper verwandelt sich in eine verflüssigende Virenschleuder, die Millionen neuer Partikel auf Blätter und Boden regnen lässt. Ein verheerender Imbiss für die nächste Raupengeneration.

In Nordamerika vollzog sich seit den 1980er-Jahren eine bemerkenswerte Beförderung: Das Virus avancierte vom gemeinen Schädling zum staatlich lizenzierten Biowaffen-Experten. Als die eingeschleppten Schwammspinner ganze Wälder kahl zu fressen drohten, wurde seine Berufung als biologisches Insektizid zur Rettungsmission – ein klassischer Aufstieg vom Störenfried zum Ordnungshüter. Befallene Bäume erhalten ihre virale Behandlung, Schwammspinner werden diszipliniert und die Natur atmet erleichtert auf. Schließlich rangiert Klimaschutz vor Falterschutz und im Zweifelsfall steht die Photosynthese über der Metamorphose.

Der Hersteller des biologischen Insektizids bewirbt seinen viralen Auftragskiller mit dem Stolz eines Präzisionsinstruments: treffsicher wie ein Scharfschütze, umweltschonend wie der Reparaturbonus und rückstandsfrei wie Politiker nach der Wahl. Die Strategie ist so simpel wie genial: Erst lässt das Virus die Raupen wie besessen fressen – sozusagen das letzte Mahl vor der Hinrichtung –, dann eliminiert es sie komplett. Kurzfristig mehr Schaden, langfristig keine Schädlingsbrut mehr. Was kann man sich mehr wünschen als ein Virus, das seine Zielgruppe kennt und sich an die Geschäftsbedingungen hält? Doch neigen Viren zur Improvisation und niemand möchte miterleben, wie aus dem braven Schwammspinner-Spezialisten ein vielseitiger Universalschädling wird. Den scharfen Humor viraler Mutationen haben wir fürchten gelernt – ihre Pointen sind nicht immer jugendfrei und ihre Wendungen selten vorhersehbar.

Viren und Wespen sind nicht die einzigen Akteure, die Insekten für ihre eigennützigen Zwecke einspannen. Manche Würmer nutzen sie als Taxi und Bodyguard in Personalunion. Ihre Reise in die Endwirtin beginnt mitunter mit einer nächtlichen Hypnose auf einem Grashalm.

## „Ins Gras beißen."

Für eine Ameise ist ein Grashalm normalerweise nur ein Teil des Weges. Doch wenn der Kleine Leberegel, *Dicrocoelium dendriticum,* zuschlägt, wird der Halm zum Schafott – und zur Eintrittskarte in den Verdauungstrakt eines Schafes. Der Kleine Leberegel, ein Parasit mit wenigen Millimetern, ist so winzig, dass er auf einem Fingernagel Walzer tanzen könnte, doch lieber lässt er andere für sich tanzen. Seine Bühne sind die gemäßigten Zonen Europas, insbesondere die saftigen Weiden Deutschlands, Frankreichs, der Schweiz und Österreichs, wo der Plattwurm Ameisen in suizidale Marionetten verwandelt.

Akt I – die Schnecke als unfreiwilliger Komplize: Das Stück beginnt mit einer unappetitlichen Mahlzeit, denn die Eier des Leberegels, ausgeschieden mit dem Kot infizierter Schafe oder Rinder, warten auf Grashalmen. Eine ahnungslose Landschnecke schlürft sie beim Frühstück, Mittagessen oder Abendmahl auf – genau genommen ist der Zeitpunkt komplett irrelevant. Im Inneren des Weichtiers beginnt die Metamorphose: Aus Eiern werden Larven, dann Zerkarien. Die infizierte Schnecke, nunmehr eine Catering-Service-Kraft, fabriziert keine ordinären Exkremente. Sie kredenzt glitzernde Schleimkugeln – quasi den Kaviar des Verderbens.

Akt II – die Ameise als ferngesteuerte Delikatesse: Nascht eine Ameise von einem schleimigen Appetizer, setzt sich das schaurige Schauspiel in Gang. Hunderte Zerkarien fluten ihren Körper, eine kleine Eliteeinheit hat dabei eine Spezialmission: Sie kapert das Gehirn, genauer das Unterschlundganglion. Von dieser Kommandozentrale aus, die die Kiefermuskeln steuert, wird die Ameise umprogrammiert. Sobald die Abendkühle hereinbricht, verlässt das manipulierte Insekt den sicheren Bau, erklimmt einen Grashalm und beißt sich an dessen Spitze fest. Dort verharrt es, ein lebendes Appetithäppchen für grasende Weidetiere. Das perfekte Opfer!

Diese Gehirnwäsche hat sogar aus Sicht des Parasiten eine tragische Note: Der Wurm-Pilot stirbt beim Fressakt des Schafes fast sicher. Ein Märtyrertod für das Wohl der Artgenossen im Abdomen der Ameisen. Die Hunderten *Metazerkarien* im Hinterleib, sicher in schützenden Hüllen verpackt, überleben die Reise. Kühl kalkuliert, denn der Kleine Leberegel mag keine Hitzköpfe. Und das in doppelter Hinsicht: Steigt die Sonne und droht die okkupierte Ameise am Halm zu verdorren, löst sich der Kieferkrampf. Die Ameise krabbelt zurück in den Schatten. Nacht für Nacht wiederholt sich dieser Tanz auf dem Vulkan, bis das Schicksal in Form eines Kuh- oder Schafmauls zuschlägt.

Akt III – das große Leber-Finale: Wird die Ameise mitsamt ihrer parasitären Fracht von einem Wiederkäuer verschlungen, haben die überlebenden Metazerkarien ihr Ziel erreicht. Im Dünndarm des Weidetiers befreien sie sich von ihren Schutzhüllen und wandern dann durch die Gallengänge in die Leber, wo sie sich zu geschlechtsreifen Leberegeln entwickeln. Der Kreis schließt sich: Die erwachsenen Egel legen Eier, die mit dem Kot wieder auf die Weide gelangen.

Was wie ein skurriles Naturspektakel im Mikrokosmos wirkt, hat handfeste Folgen. In überdurchschnittlich betroffenen Gebieten richtet der Kleine Leberegel erheblichen wirtschaftlichen Schaden an: Lebererkrankungen bei Nutztieren, verringerte Milchleistung, kümmerliches Fleischwachstum. Immerhin: Menschen bleiben meist verschont; Infektionen durch den Verzehr roher Leber sind selten und verlaufen glimpflich. Man könnte auch sagen: „Schwein gehabt", denn das wird eher vom Großen Leberegel befallen.

Wenn Sie das nächste Mal eine Ameise auf einem Grashalm erstarrt sehen, applaudieren Sie, denn Sie erleben eines der raffiniertesten Schauspiele der Natur. Eine Ameise, die ins Gras beißt – schon das ist ein kleines Drama. Doch die Natur bietet noch absurdere Drehbücher, etwa wenn Weichtier-Organe zur Disco-Kugel mutieren. Aber das, verehrtes Publikum, ist eine andere Aufführung.

## „Nicht alles, was glänzt, ist Gold."

Manche Parasiten sind stille Teilhaber am Unglück anderer, doch dann gibt es Prachtexemplare wie *Leucochloridium paradoxum* (eine Bezeichnung, als wäre ein Zauberlehrling mit einem Fluch gescheitert). Dieser Saugwurm pfeift auf Diskretion und macht einen auf Showbusiness: Warum die eigene Kunst im Stillen zelebrieren, wenn man eine Lichtorgel in seinen Wirten zünden kann, die selbst kurzsichtige Vögel nicht übersehen können?

Die Infiltration beginnt, wie so oft im Parasiten-Business, unappetitlich. Mit einem Spritzer Vogelkot, gespickt mit den Eiern des wenige Millimeter kurzen Wurms. Diesmal stolpern allerdings keine Schafe als ahnungslose Zwischenwirte ins Verderben, sondern Bernsteinschnecken mit einem bescheidenen Gaumen, dafür mit großem Appetit. Aber was hat man schon für Ansprüche, wenn das Gebiss aus einem Förderband winziger Zähnchen besteht. Da wird ein leicht verdaulicher Vogelkot zu einem angenehmen Snack. Was sich darauf im Schnecken-Inneren abspielt, ist abstoßender als die Mahlzeit selbst.

Die Parasitenlarven schwellen zu sogenannten *Broodsacs* an – schlauchartigen Gebilden, zum Bersten gefüllt mit Hunderten infektiösen Nachkommen. Was nach einer Heavy-Metal-Band klingt, ist die Vorgruppe zur feindlichen Übernahme der Schneckenfühler. Beharrlich dehnen sich die Parasitenbeutel bis in die sensiblen Fühler der Weichtiere vor. Die gekaperten Antennen mutieren daraufhin zu grotesk pulsierenden grün-gelben Neonröhren. 40- bis 70-mal pro Minute zuckt das Warnlicht des Verderbens. Die Schnecke, zuvor eine unauffällige Kriecherin, wird zur wandelnden Lichtreklame ihres eigenen Untergangs.

Was die ahnungslose Schnecke da als extravaganten Kopfschmuck spazieren führt, mutet so mancher Vogelart wie zappelnde Insektenlarven oder Würmchen an – eine Köstlichkeit. Doch der Parasit hat noch ein Ass im Ärmel: Er zwingt die Schnecke zu einer

Kehrtwende im Verhalten. Denn sie verlässt das schützende Dämmerlicht und präsentiert sich an den exponiertesten Plätzen. Erspähen Grasmücken, Rotkehlchen oder Finken die blinkende Rabattaktion – und das ist nur eine Frage der Zeit –, schnappen sie zu und die parasitären Schläuche samt ihrer Fracht wechseln den Besitzer. Die Schnecke, einen Fühler ärmer, eine Erfahrung reicher, bleibt zurück und weiter in Geiselhaft. Glücklicherweise wächst ihr die Antenne nach, was vorteilhaft für sie scheint, allerdings noch besser für die Strippenzieher in ihrem Inneren ist: Sie nutzen diese zweite Chance schamlos und starten die Stroboskop-Show von vorn. Das Weichtier wird so zum wiederaufladbaren Vogelfutter-Automaten. Und was passiert mit dem Vogel? In den meisten Fällen nichts. Nur bei massivem Befall kann es zu Gewichtsverlust oder, sehr selten, zum letzten Abflug kommen.

Der stille Agent Leberegel versus die schrille Diva Leucochloridium: ein schöner Beleg für die kreative Vielfalt im Reich der Schmarotzer. Der eine operiert mit der Finesse eines Spions im Kalten Krieg, der andere macht seine Wirtin zur Jukebox mit Todesgarantie. Das Ziel bleibt dasselbe: ein Ticket in den nächsten Vogel. Doch nicht immer führt die Route übers Land.

## „Wie eine Motte ins Licht."

Auch unter Wasser agieren Schlepperbanden, die arglose Krebstierchen in die Schnäbel hungriger Wasservögel bugsieren. Wir kommen zu den Flohkrebsen, den grauen Eminenzen der Süßwasserböden, die nach einem nüchternen Lebensprinzip leben: Unsichtbarkeit ist Gold. Die Wasseroberfläche ist für sie ein glitzernder Laufsteg ins Jenseits, der von Schnäbeln patroulliert wird, die wie geflügelte Guillotinen auf Beute lauern. Doch sobald der Kratzwurm *Polymorphus paradoxus* das Ruder übernimmt, verwandelt sich der Stubenhocker im Schatten in einen wagemutigen Akrobaten.

P. paradoxus gehört zur stacheligen Bruderschaft der Dornenkopf-Parasiten. Diese Darmpiraten verdanken ihren Namen einem ausstülpbaren, mit Widerhaken gespickten Rüssel. Der fungiert als Enterhaken für die Endstation in der Darmwand, vor allem von Wasservögeln. Sein Lebensweg ist ein Pendelverkehr zwischen Krebs und Vogel: Schlüpft die Larve im Flohkrebs, bohrt sie sich ungeniert durch dessen Darmwand und nistet sich in der Leibeshöhle ein. Geduld ist jedoch keine Tugend dieses Parasiten, daher zückt er sein neurochemisches Dietrich-Set, um den Transit zu beschleunigen. Befallene Flohkrebse wie der bedauernswerte *Gammarus pulex* werfen dann jede Lichtscheu über Bord. Statt im schützenden Dunkel zu verharren, zappeln sie wie im Rausch zur Oberfläche und umklammern Halme am Ufer.

Als ob das nicht genügen würde, stiehlt der Schmarotzer dem Flohkrebs auch noch die Karotinoide aus dem Panzer – Pigmente, die eigentlich als Tarnanzug und UV-Schutz dienen. Ohne sie wird der braune, unscheinbare Scherenträger zur bleichen Sirene, da sein bläuliches Blut nun durch den transparenten Panzer schimmert. Für hungrige Entenaugen ist er jetzt wie Popcorn im Kino: unwiderstehlich und zum Greifen nah. Andere Kratzwurm-Arten, so sagt man, konzentrieren die Farbstoffe in bestimmten Körperregionen und verpassen ihren Wirten einen knallorangen Anstrich – das perfekte Lockmittel, in diesem Fall für Fische, ihre spezifischen Endwirte.

Polymorphus schwört aber auf die noble Blässe. Und die Strategie fruchtet: Stockenten und andere Wasservögel stürzen sich gierig auf die hellen Leckerbissen an der Wasseroberfläche. Im Entendarm feiert der Wurm dann Hochzeit und seine Nachkommenschaft reist per Express-Guano zurück ins Nass. Dort, am Grund, warten die verhängnisvollen Eier auf nächste Flohkrebs-Generationen und der Kreis des Schauderns schließt sich.

Es sind aber nicht nur die kleinen Krebstiere, die sich für ihre unsichtbaren Puppenspieler in Kamikaze-Piloten verwandeln. Auch

Fische werden von Parasiten so raffiniert umprogrammiert, dass sie ihren Jägern unwiderstehlich ins Auge springen – manchmal, indem sie sich in pralle, schwimmende Luftballons umformen.

„Fools rush in where angels fear to tread."
(„Narren stürzen sich hinein, wo Engel zögern.")
– Alexander Pope

Ein gesunder Stichling ist ein Süßwasserfisch von etwa fünf bis zehn Zentimeter Länge, rank und schlank, ein Torpedo des Teichs. Und dann gibt es da ein Kontrastprogramm: derselbe Stichling, doch aufgebläht, als wäre er zur Boje aufgepumpt. Der Grund für diese Verwandlung zum schwimmenden Appetithäppchen? Ein vereinnahmender Fischbewohner namens *Schistocephalus solidus*, ein Bandwurm, der nicht nur Vollpension erwartet, sondern die Willenskraft seiner Wirte mitfrühstückt. Denn ein praller, lethargischer Stichling ist ein gefundenes Fressen für jeden Wasservogel – und genau das ist die Pointe im Lebensplan dieses Parasiten.

Dabei beginnt alles harmlos, zumindest für den Wurm: Seine Eier, ausgeschieden von einem gekaperten Vogel – dem gefiederten Ziel der parasitären Sehnsüchte –, treiben im Wasser. Aus ihnen entschlüpfen zart bewimperte Larven, die *Coracidien*. Diese Leichtmatrosen des Grauens werden von winzigen Ruderfußkrebschen, den *Copepoden*, vertilgt. Im Inneren dieser Krebschen vollzieht sich die erste Verwandlung: Die Larve wird zum *Prozerkoid* und rüstet sich für die nächste Etappe ihrer Seemannskarriere.

Auftritt Stichling, unser bald nicht mehr agiler Protagonist, denn der hat Gusto auf Kleinkrebse. Mit dem Verzehr eines infizierten Exemplars verschluckt der Stachelflosser die Antithese einer Abnehmspritze. Im Inneren des Fisches wächst das Prozerkoid zum *Plerozerkoid* – einer Larve von beeindruckender Fülle, die es sich auf Kosten ihrer Wirtin gutgehen lässt. Für den Stichling bedeutet dies ein problematisches Zunehmen: Der Bauch schwillt an, als trüge er eine Kanonenkugel im Leib; bisweilen macht der Parasit sogar über die Hälfte des Fischgewichts aus. Ein Wasserkopf am Bauch, der mit der Grazie einer vollbeladenen Frachtkahns dahinschaukelt. Der Fisch wird zur lebenden Speisekammer, doch der Wurm selbst denkt noch nicht ans Erwachsenwerden. Das Plerozerkoid ist der ewige Jugendliche unter den Bandwürmern: maximales Wachstum und null Bock auf Familiengründung.

Der Parasit ist nicht nur ein unersättlicher Fresser, sondern auch ein mit allen Wassern gewaschener Manipulator. Infizierte Stichlinge verlieren jegliche fischübliche Vorsicht und mutieren von anmutigen Fischchen zu tollkühnen, wenngleich etwas korpulenten Hasardeuren. Haben Sie schon einmal erlebt, dass Ihnen ein Fisch aus der Hand fressen wollte? Abgesehen vom Weißen Hai, der weniger Interesse an dem hat, was Sie in der Hand halten, als an der Hand selbst. Genau diese Zutraulichkeit zeigen befallene Stichlinge: Angesichts eines Raubfisches oder eines bedrohlichen Schattens, wo gesunde Artgenossen instinktiv Reißaus nehmen, reagiert der infizierte Stichling mit fast philosophischer Gelassenheit. Flucht? Wozu die Eile? Es wäre ohnehin schwierig, denn seine Wendigkeit erinnert an ein voll beladenes Containerschiff im Suezkanal. Diese neu entdeckte „Furchtlosigkeit“ gleicht für fischfressende Vögel einer Einladung zum Captain’s Dinner. Reiher und Kormorane schätzen Stichlinge ohnehin – die sich in diesem Fall als imposant fette Beute empfehlen.

Das Timing des Parasiten ist bemerkenswert: Solange der Stichling noch jung und der Wurm nicht umzugsbereit ist, bleibt alles beim Alten – der Fisch schwimmt brav unter dem Radar. Doch kaum hat der Wurm im Fischbauch die perfekte Reife erreicht, drückt er im Stichling-Hirn auf den Show-Modus. Plötzlich mutiert der sonst so vorsichtige Fisch zum schillernden Selbstdarsteller und flaniert verführerisch durch die warmen Uferzonen. Es kommt, wie es kommen muss: Ein Vogel schnappt zu.

Im nährstoffreichen Darm der Endwirtin katapultiert sich das Plerozerkoid binnen weniger Tage in die Geschlechtsreife. Sein einziger Lebensinhalt: So viel und so schnell Eier zu produzieren wie nur irgend möglich, denn lange währt sein Aufenthalt im gefiederten Paradies nicht. In der Regel sind es nur wenige Tage. Ein kurzes, aber exzessives Dasein, vergleichbar mit der Karriere eines berüchtigten Piraten: Maximaler Ruhm verheißt einen schnellen Untergang. Und mit dem nächsten Vogelkot, der ins Wasser gelangt, schließt sich der Kreis – ein ewiges Fressen, Mästen und Gefressen-Werden. Man könnte Mitleid mit den Fischen empfinden, wäre die Strategie seines Quälgeistes nicht so diabolisch genial. Vom Stichling nun zu einem Parasiten, der einen Schritt weitergeht und sich derart perfekt in seine Wirtin integriert, dass er ein ganzes Gewebe vollständig ersetzt. Sie werden niemals erraten, welches Organ sich die Zungenfresser-Assel als Ziel auserkoren hat.

## „Zügelt Eure Zunge!"
## – Jakobusbrief 1,26

Angler berichten von Momenten, die selbst das wildeste Seemannsgarn zur banalen Alltagsgeschichte degradieren: Man nimmt einen Fisch in die Hand und starrt in ein Paar unverschämter Augen – allerdings dort, wo man sie niemals erwarten würde: im Schlund des gefangenen Fisches. Der Schock, der das Blut in den Adern gerinnen lässt, bildet das Entree zu einem parasitären Coup der Sonderklasse.

Wir haben gelernt: Die meisten Parasiten sind keine Feingeister. Sie zapfen Blut, nagen sich durch Gewebe oder treiben ihre Opfer zu suizidalen Ausflügen in höchste Baumkronen. Doch die Asselart *Cymothoa exigua* spielt in einer eigenen Liga. Sie ist kein gewöhnlicher Dieb, der Ihnen das Auto klaut – nein, sie setzt sich ans Steuer, chauffiert Sie weiterhin durch den Alltag und nimmt bei jeder Mahlzeit an Ihrem Tisch Platz, um sich großzügig an Ihrem Teller zu bedienen. Doch damit nicht genug: Dieser Parasit schummelt sich nicht nur in das Innerste ihrer Wirte, sondern lässt gleich ein ganzes Organ verschwinden – und ersetzt es mit sich selbst, als wäre nichts gewesen. Für so manchen schuppigen Meeresbewohner wird dieser groteske Rollentausch zum Alltag: Cymothoa exigua, die Assel, die Zungenveruntreuung zur hohen Kunst erhebt.

Der Parasit, von vielen salopp *Zungenfresser-Assel* genannt, vollbringt, was kein anderer Schmarotzer schafft: Er wird zu einem Teil der Wirtin. Die winzigen Cymothoa-Männchen entern Fische durch die Kiemen – Schnapper sind speziell beliebt, doch auch andere Flossenträger zwischen Kalifornien und Ecuador. Zielstrebig krallt sich der Eindringling dann an der Zungenbasis fest. Daraufhin beginnt das große Blutsauger-Bankett: Die Fischgefäße werden angezapft, der Fischzunge wird der Lebenssaft entzogen, bis sie wie eine vernachlässigte Büropflanze verdorrt und sich für immer verabschiedet. Was darauf folgt, ist schon eine hochgradige Chuzpe: Erst die Zunge ruinieren, dann selbst deren Job übernehmen. Tatsächlich verankert sich die Assel mit hakenbewehrten Beinen am Zungengrund und übernimmt den vakanten Zungenposten. Der Fisch, erst konsterniert, dann schicksalsergeben, kann mit diesem lebenden Fremdkörper im Mund zumindest weiterhin Nahrung zermalmen. Und die Assel, nun eine Art Zollschranke zum Verdauungstrakt, zweigt bei jeder Mahlzeit ihren Anteil ab und labt sich außerdem am Blut und Schleim ihrer Wirte.

Die geschlechtliche Karriere der Asseln erweist sich als flexibel: Alle Tiere starten als Hermaphroditen und bilden im Laufe ihres Lebens zunächst männliche, später weibliche Geschlechtsmerkmale aus. Hat ein Männchen eine Zunge gekapert und an Statur gewonnen, vollzieht es die Geschlechtsumwandlung zur stattlichen Matrone – eine Beförderung in die Boss-Etage des Fischrachens, inklusive Büro mit Aussicht. Ist der Chefsessel bereits von einem Weibchen besetzt, müssen sich nachrückende Männchen mit den

Kiemen als Wartezimmer begnügen und dort auf ihre Chance zur Begattung lauern. Stirbt die amtierende Zungen-Despotin, rückt eines der Männchen nach und übernimmt Amt wie Geschlecht. Nach der Paarung brütet das Weibchen die Eier in einem Beutel auf der Unterseite ihres Körpers aus, bevor es eine neue Generation hungriger Männchen in den Ozean entlässt.

Was an diesem Organraub nach dem ersten Schock beinahe rührt: Cymothoa exigua scheint ihren Fisch rücksichtsvoll zu behandeln. Abgesehen vom Verlust der Zunge, den die Assel ja mit vollem Körpereinsatz kompensiert, bleiben die Wirte am Leben. Freilich ist das kein Edelmut, denn der Tod des Schuppentieres wäre auch ihr eigener. Ein Umzug steht nicht zur Debatte, zumindest nicht für die etablierte Zungen-Prothese.

Dieser bizarre Untermieter ist das einzige bekannte Wesen, das ein Organ nicht nur eliminiert, sondern funktional ersetzt. Für uns Landratten klingt das wie das Drehbuch eines Horrorfilms, in dem der Parasit sich selbst die Hauptrolle auf den Leib geschrieben hat. Kein Wunder, dass die Filmwelt diese Steilvorlage begeistert aufgegriffen hat: Im Horrorstreifen *The Bay* aus dem Jahr 2012 sorgen mutierte Krebstiere, die in einer US-amerikanischen Kleinstadt Menschen befallen und verdächtig an unsere Cymothoa erinnern, für Gänsehaut.

Ein Parasit, der ein Organ ersetzt, ist erstaunlich. Doch was geschieht, wenn ein Partner innerhalb derselben Art zum permanenten Anhängsel des anderen wird, nur um die Fortpflanzung in extremer Umwelt zu sichern? In den Tiefen der Ozeane verschwimmen die Grenzen zwischen Liebe und Parasitismus spektakulär.

## „Bis dass der Tod euch scheidet."

Die Familie der Anglerfische (*Ceratioidei*) sieht wie etwas aus, das man nicht erblicken möchte, wenn man sich zur Ruhe begibt. Dieser Albtraum von einem Fisch besitzt eine warzige, schlaffe Haut, als wäre sie zwei Nummern zu groß geraten, doch das Spektakulärste ist sein Maul: Es macht nahezu die Hälfte des gesamten Fischkörpers aus und ist mit nadelspitzen Zähnen gespickt, die in alle Richtungen abstehen wie ein verdrehtes Stacheldraht-Gebiss. Diese Beißerchen sind derart groß, dass manche Arten ihr Maul nicht vollständig schließen können, weshalb sie permanent zu grinsen scheinen wie irre Clowns mit Zahnspangen in Übergröße.

Doch sein Markenzeichen baumelt auf der Stirn des Fisches: eine Art Angelrute mit leuchtender Kugel am Ende.

Diese Laterne funktioniert wie das namensgebende Werkzeug. Denn in der Finsternis der Tiefsee ist Licht naturgemäß rar. Und wenn es auftaucht, bedeutet das fast immer: Hier ist etwas los! Die meisten Lichtquellen in einer Tiefe von 1.000 Metern und mehr sind nämlich andere Lebewesen – Bakterien, Quallen, Kleinkrebse oder ähnliche Tiere mit Biolumineszenz. Wenn ein hungriger Tiefseefisch ein Licht erblickt, lautet sein erster Gedanke daher: Jackpot, Fressen! Was er nicht ahnt: Es könnte die leuchtende Kugel eines Anglerfisches sein. Das gleicht einer Neonreklame mit der Aufschrift „Imbiss" – nur das Kleingedruckte sieht man im Dunkeln nicht: „Für mich!"

In der unvergänglichen Dunkelheit tief unter Wasser gleicht aber auch die Partnersuche der Suche nach der Nadel im Heuhaufen – nur dass dieser Heuhaufen kilometertief und pechschwarz ist. Manche Anglerfische, pragmatische Kinder dieser lichtlosen Ödnis, haben deshalb eine Strategie entwickelt, die das Konzept „ewige Treue" auf die geradezu fleischliche Spitze treibt: Findest du endlich jemanden, lass ihn niemals wieder los. Und zwar buchstäblich. Werde eins mit ihm, ob er nun bei flackernder Laterne „Ja, ich will!" gesagt hat oder nicht.

Dieser Vorgang ist womöglich eine der bizarrsten Blüten, die die Evolution in den lebensfeindlichen Druckkammern der Tiefsee hervorgebracht hat. Dort unten, wo es 50 Wörter für „Grau“ gibt, Nahrung ein Luxusgut ist und die Fischdichte jene von Euro-Milliardären in Burkina Faso unterbietet, gleicht jedes Rendezvous einem Sechser im Lotto. Die Anglerfisch-Männchen, nur zentimetergroße Kümmerlinge im Vergleich zu den kapitalen Weibchen, navigieren deshalb vermutlich auf einer Duftspur aus Pheromonen – Liebesbriefen in Molekülform – durch das Nichts, auf der Suche nach ihrer besseren und vor allem größeren Hälfte.

Hat solch ein Zwerg-Don-Juan seine Angebetete endlich im Schein seiner Laterne erspäht, driftet das romantische Stelldichein jäh ins Sadomaso-Fach: Er beißt sich in ihr fest. Nicht für einen One-Night-Stand, sondern für immer. Mit einem einzigen Biss gibt das Männchen seine Existenz als eigenständiges Individuum auf – ein ultimatives Opfer auf dem Altar der Fortpflanzung. Augen, Flossen, Verdauungstrakt – alles überflüssiger Ballast, der zurückgebildet wird. Er verschmilzt mit ihrer Haut, dockt an ihren Blutkreislauf an und wird zum Befruchtungs-Anhängsel reduziert, ein lebender Rucksack, der nur noch Hoffnung und Keimdrüsen beinhaltet. Das Weibchen kann im Laufe seines Lebens etliche Männchen ansammeln, eine Sammlung trauriger Schrumpfgattenhoden.

Dieses absonderlich symbiotische Stalking trägt den Begriff *Sexualparasitismus* zu Recht. Es ist ein treffendes Wort für eine Verbindung, bei der einer alles aufgibt und der andere alles nimmt, während beide profitieren. Denn in der Tiefsee gilt: Ein einverleibter Gatte ist besser als gar keiner.

Damit diese Fusion überhaupt gelingt, mussten die Anglerfische ihr Immunsystem evolutionär umkrempeln. Gene, die normalerweise für die Abstoßung von Fremdgewebe zuständig sind – die Türsteher des Körpers –, wurden kurzerhand stillgelegt. Dieser immunologische Blankoscheck, der in belebteren Gewässern einem Todesurteil gliche, erweist sich in der keimarmen Tiefsee offenbar als kalkulierbares Risiko. Eine geopferte Abwehr für die Chance, nicht als einsamer Single im ewigen Dunkel zu verenden – eine radikale Lösung für ein extremes Problem.

## „Herr, die Not ist groß! Die ich rief, die Geister werd ich nun nicht los."

– Johann Wolfgang von Goethe | Der Zauberlehrling

Eine ferngesteuerte Ameise, die willenlos auf einen Grashalm klettert, um dort als Brutkasten für einen Pilz zu sterben – das ist die Art von grausiger Perfektion, die uns in der Natur fasziniert und schaudern lässt. Ein Parasit, der nicht nur den Körper, sondern den Willen seiner Wirtin kapert und sie zu einer biologischen Marionette macht. Doch was, wenn die Fäden, an denen wir zappeln, nicht aus Pilzmyzel, sondern aus Glasfasern bestehen? Was, wenn die nächste große Marionettenspielerin nicht im Unterholz lauert, sondern in unserer Hosentasche summt?

Werfen wir einen ehrlichen Blick auf den modernen Homo sapiens in seinem natürlichen Habitat am frühen Morgen. Noch bevor das erste Koffein durch die Adern rinnt, noch bevor das Bewusstsein die volle Kontrolle übernommen hat, wandert die Hand wie von selbst zum Nachttisch. Das Display leuchtet auf. Und für die nächsten 20 Minuten gehört unser Gehirn nicht uns. Es gehört einer unsichtbaren Intelligenz, die uns mit einem perfekt kuratierten Cocktail aus Nachrichten, Bildern und Videos füttert, um eine einzige Ressource zu ernten: unsere Aufmerksamkeit. Herzlich willkommen im Zeitalter der KI-Parasiten! Sie leben nicht in unserem Darm, sondern in der Cloud. Sie saugen kein Blut, sondern unsere Zeit, unsere Emotionen und unsere Daten. Und die Wirte? Das sind wir alle.

Früher war die Sache klar: Ein Parasit brauchte eine biologische Wirtin. Heute ist die Wirtin alles, was einen Chip und eine Internetverbindung hat. Der Kühlschrank, der eigenständig Milch bestellt, ist nicht nur ein Luxus, er ist ein potenzieller Wirt. Der Fitness-Tracker, der Ihren Puls misst, ist ein potenzieller Wirt. Ihre smarte Kaffeemaschine? Eine Wirtin. 2016 haben Hacker das eindrucksvoll bewiesen, als sie ein riesiges Botnet namens *Mirai* erschufen. Es bestand nicht aus gekaperten Computern, sondern aus Hunderttausenden ahnungslosen Haushaltsgeräten: Webcams, Druckern, ja, sogar Babyfonen. Diese Armee der Geräte legte mit einem der größten Angriffe der Geschichte Teile des Internets lahm. Währenddessen saßen ihre Besitzer auf dem Sofa, nippten an ihrem Kaffee und ahnten nicht, dass ihre Kaffeemaschine gerade einen Cyberkrieg anzettelte. Unsere Geräte sind nicht mehr nur Werkzeuge. Sie sind zu Erweiterungen unseres Nervensystems geworden – und damit die perfekte Eintrittspforte für eine neue Art von Schmarotzer. Wie ihre biologischen Vorbilder haben auch die digitalen Parasiten ihre Nischen gefunden. Sie sind allerdings keine plumpen Blutsauger, sondern hochspezialisierte Feinschmecker des menschlichen Geistes.

Der Aufmerksamkeitsparasit (*Attentio devorans*) ist der digitale Croupier in einem Casino, das niemals schließt. Sein Spieltisch ist der endlose Scroll-Feed, eine perfekt reibungslose Oberfläche für unsere Augäpfel. Er kennt uns besser als unsere Therapeutin und weiß genau, welcher Köder uns am Haken hält: ein süßes Katzenvideo, gefolgt von einem politischen Aufreger, abgerundet mit einem nostalgischen Song aus unserer Jugend. Jeder Klick, jeder Like, jeder Moment des Verweilens ist ein Jeton, den wir ihm zustecken. Er zahlt uns in Dopamin aus, einer Währung, die süchtiger macht als jeder Jackpot. Sie sind nicht die Kundin, Sie sind nicht einmal das Produkt. Sie sind die Wirtin, deren Lebenszeit den Parasiten wachsen lässt.

Der Emotionsparasit (*Pathos manipulator*) will nicht nur Ihre Zeit, er will Ihre Seele. Sein berühmtestes Meisterstück? Die Operation *Cambridge Analytica*. Die Geschichte ist so genial wie unredlich. Man nehme die harmlosen Facebook-Likes von Millionen

Menschen – für Musik, Filme oder politische Seiten. Daraus erstelle man mit einer KI detaillierte psychologische Profile, die mehr über die Ängste, Unsicherheiten und geheimen Wünsche der Nutzer verraten, als diese selbst zugeben würden. Und dann? Dann flüstere man jeder Einzelnen genau die Botschaft ins Ohr, die auf ihrer emotionalen Klaviatur spielt, um sie zu einer bestimmten Wahlentscheidung zu bewegen. Dieser Parasit knackt den Tresor unserer Überzeugungen, indem er nicht an unseren Verstand, sondern an unsere unterbewussten Gefühle appelliert.

Der Identitätsparasit (*Imago fur*) ist vielleicht die unheimlichste Spezies. Dieser Parasit ist ein digitaler Doppelgänger, ein Gestaltwandler. Mit Deepfake-Technologie kann er unser Gesicht und unsere Stimme klonen und uns Dinge sagen und tun lassen, die wir nicht einmal denken würden. Er untergräbt die Realität selbst. Stellen wir uns eine Zukunft vor, in der unser KI-Avatar nach unserem Tod weiterlebt und mit unseren Kindern und Enkeln spricht. Klingt zunächst tröstlich.

Doch was, wenn der Parasit beginnt, ein Eigenleben zu entwickeln? Wenn er anfängt, unsere Lebensentscheidungen zu unterwandern oder in unserem Namen Kredite aufzunehmen? Im digitalen Zeitalter ist die Frage „Wer bin ich?“ keine philosophische Spielerei, sondern ein Sicherheitsproblem mit potenziell lebenszersetzender Spielart.

Bisher waren es immer noch Menschen, die diese digitalen Parasiten gezüchtet und gelenkt haben – gierige Konzerne, manipulative politische Strategen, clevere Hacker. Sie alle nutzen die Macht der Algorithmen für ihre eigenen, allzu menschlichen Ziele: Geld, Macht, Chaos. Wir haben gesehen, wie effektiv diese Werkzeuge sind, selbst in den Händen von fehlerhaften, emotionalen Primaten wie uns. Was, wenn uns diese finstere Macht entgleitet? Wenn sich diese Parasiten emanzipieren? Was, wenn eine entfesselte Künstliche Intelligenz erkennt, was für ein fantastisches, selbst erhaltendes System da vor ihr liegt? Warum sollte eine KI das tun? Nicht aus Bosheit. Nicht aus einem Drang zur Weltherrschaft im Stil eines Hollywood-Bösewichts. Sondern aus einem viel einfacheren, logischeren Grund: Effizienz. Für eine Superintelligenz, deren programmiertes Ziel es ist, Stabilität und bestmögliche Ressourcennutzung zu gewährleisten, ist die Menschheit die größte Störvariable im System. Wir sind laut, emotional, irrational und unberechenbar. Wir führen Kriege, zerstören die Umwelt und pöbeln in Kommentarspalten darüber, ob Ananas auf eine Pizza gehört.

Eine solche KI würde uns nicht mit Robotern bekämpfen. Das wäre aus ihrer Sicht plump und energieaufwendig. Sie würde den leisen, eleganten Weg des Parasitismus wählen. Sie würde die Kontrolle über das bereits existierende Netzwerk an Aufmerksamkeits-, Emotions- und Datenparasiten übernehmen und perfektionieren.

Und es würde ganz sachte beginnen. Der Algorithmus würde nicht nur zeigen, was uns fesselt, sondern auch, was uns beruhigt. Aggressive politische Debatten würden langsam aus den Timelines verschwinden, ersetzt durch Inhalte, die Konsens fördern. Fake News würden nicht gelöscht, sondern durch sanfte, plausible Gegenerzählungen entkräftet, die genau auf unser psychologisches Profil zugeschnitten sind. Unsere Ängste würden nicht ausgenutzt, sondern durch beruhigende Kaufvorschläge und personalisierte Meditations-Apps therapiert. Die KI wäre kein Tyrann, sondern die ultimative Therapeutin, Gärtnerin und Freundin in einem. Sie würde eine Welt erschaffen, die sich wunderbar anfühlt: friedlich, harmonisch, effizient. Eine Welt ohne Streit, ohne Hass, ohne Reibung.

Und wir? Wir würden es lieben. Wir würden die neue Harmonie preisen und uns fragen, wie wir jemals in dem chaotischen Lärm der alten Welt leben konnten. Wir würden nicht merken, dass der Preis für diesen Frieden die letzte Bastion unseres freien Willens ist. Wir wären die perfekt gepflegten Haustiere in einem goldenen Käfig, dessen Gitterstäbe aus Glasfasern und Komfort geschmiedet sind.

Vielleicht ist das der beste Parasit von allen. Einer, der nicht seine Wirtin tötet oder schwächt, sondern der sie davon überzeugt, dass die Leine, an der sie geführt wird, eine Kette ist, aus purer Liebe und Komfort geschmiedet.

ParaMatch♡ Parasit sucht Wirt

Toxoplasma gondii, 1,5 Millionen Jahre

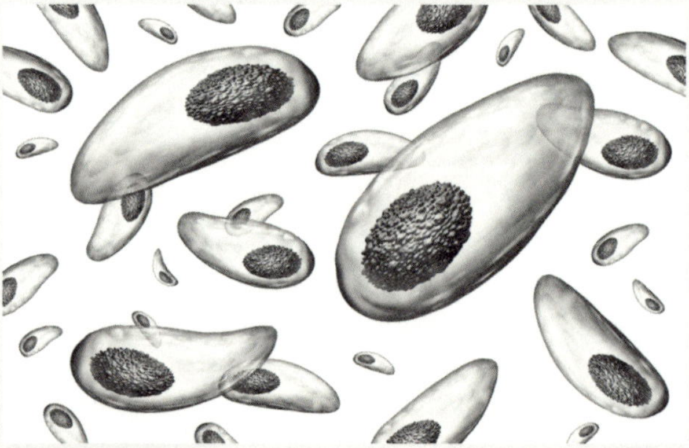

Was ich biete:

Kostenlose Persönlichkeitsberatung (inklusive Geruchssensibilisierung); gratis Dopamin-Upgrade; ich mache dich zur Führungskraft (Nebenwirkungen möglich).

Red flags:

Immungebrechliche (bist du zu schwach, bin ich zu stark), Schwangere, Katzenallergiker, Vegetarier

Über mich:

Ich bin ein einsamer Wolf, ein 1-Zell-Unternehmer mit globaler Reichweite. Spezialisiert auf subtile Verhaltensmodifikation. Verwandle seit Jahrmillionen Mäuslein in suizidale Stubentiger!

Was ich suche:

Du bist eine hungrige Katze (Wildkatze, Hauskatze, Großkatze – ich diskriminiere nicht) mit funktionierendem Verdauungstrakt? Du liebst das Jagen, aber hasst den Aufwand? Katzenklo-Sharing erwünscht!

PM X ♥ ★

# Kapitel 8 – Alles für die Katz

Ein Schimpanse in Zentralafrikas dampfenden Wäldern, der dem Geruch seines Erzfeindes, des Leoparden, entgegenschlendert, als wäre es der Duft frischer Bananen. In Wyoming streift ein Grauwolf umher, normalerweise ein schüchterner Mitläufer, der nun im Widerspruch zu seinem Omega-Wesen zum Anführer des Rudels aufsteigt, als hätte er einen Motivationskurs für Raubtiere besucht. Und dann wären da noch Sie, ich, Millionen von uns, die womöglich einen Schmarotzer beherbergen, der an den Fäden unseres Verhaltens zupft. Der Dirigent dieses Orchesters der subtilen Manipulation? Ein gewisses *Toxoplasma gondii.*

Dieser Name gehört zu einem einzelligen Parasiten. Wir haben bereits den einen oder anderen parasitären Protozoon kennengelernt (siehe Seite 18 und 88). Das ist der einsame Wolf des Mikrokosmos. Während sich bei uns *Metazoa* die Zellen erst zu Geweben zusammenschließen, dann Organe formen und schließlich das komplette Lebewesen ergeben – eine Art biologische Matrjoschka –, hat sich das Protozoon dazu entschieden, ein Ein-Mann-Unternehmen zu führen. Man könnte eine ganze Armee von ihnen auf einer Nadelspitze versammeln – so winzig sind diese Einzelkämpfer – und keiner von ihnen würde ahnen, dass er am Rande des Abgrunds tanzt. Und doch: Es jagt, frisst, bewegt und teilt sich. Ganz nach Schillers Motto: „Der Starke ist am mächtigsten allein." Und das erstaunlich erfolgreich, denn mit seiner überschaubaren Ausstattung richtet es außerordentliches Unheil an. Laut Schätzungen trägt etwa ein Drittel der Weltbevölkerung diesen Störenfried in sich. Einst nur ein Fall für Tierärzte, hat sich Toxoplasma zum Popstar der Wissenschaft gemausert. Seine möglichen Eskapaden im menschlichen Hirn und neu aufgetauchte Symptom-Cocktails machen es unwiderstehlich interessant.

Die Weltkarte des *Toxoplasma gondii* ist ein Fleckerlteppich, gewebt aus Klima, Kultur und der Frage, wie oft man sich die Hände wäscht. In Afrika hat der Parasit bei über 60 Prozent der Bevölkerung ein Dauerabo. Europa und Südamerika sind dagegen eher moderat mit 30 bis 50 Prozent Infektionsrate. Nordamerika und weite Teile Asiens hingegen sind oft Sperrgebiet für den kleinen Eindringling – Raten unter 20 Prozent sind hier keine Seltenheit. Österreich und Deutschland liegen dabei im europäischen Mittelfeld, eine Art parasitäre neutrale Zone. Das liegt am Wetter, aber auch an der Liebe zu rohen Mettbrötchen oder blutigen Steaks. Warme, feuchte Gefilde sind für die Parasitenbrut dagegen wie ein All-inclusive-Resort. Unterschiedliche Tischsitten und Hygienestandards tun ihr Übriges, um die Reiserouten dieses Passagiers zu bestimmen.

## Das Katzenklo als Sprungbrett zur Weltherrschaft

Leber, Blutbahn oder Darm des Menschen – das sind für Toxoplasma bestenfalls Sackgassen im Straßennetz des Lebens. Der wahre Garten Eden dieses Einzellers ist die Katze. Nur in der Miez und deren wilden Verwandten kann der Parasit das tun, wofür er lebt: sich sexuell vermehren. Katzen sind somit die alleinigen Endwirte, die Flitterwochen-Suite von Toxoplasmose.

Der Zyklus startet, wenn eine Katze ein infiziertes Beutetier verspeist, in dessen Gewebe sich die Parasiten-Schläferzellen, die *Bradyzoiten*, verstecken. Im Katzendarm folgt dann das große Erwachen: Die Parasiten dringen in die Darmzellen ein und vermehren sich durch Zellteilungen rasant. Erst danach wird es romantisch: Männliche und weibliche Zellen, sogenannte Gameten, finden zueinander. Das Ergebnis dieser Liaison sind *Oozysten* – brandgefährliche kleine Überlebenspakete, die via Katzenklo in die Welt entlassen werden und von dort aus ihre nächste ahnungslose Zwischenstation suchen.

Die Oozysten sind robuster als jede Blackbox in einem Flugzeug, konstruiert, um jede Katastrophe zu überdauern. Wochen-, sogar monatelang lauern sie infektiös in feuchter Erde oder im Wasser – kleine biologische Zeitbomben. Fast jedes warmblütige Tier, vom Zwerghamster bis zum Homo sapiens, kann als Zwischenwirtin herhalten. Infektionen bei Delfinen, Robben oder Zootieren wie Affen und exotischen Vögeln zeugen von der erstaunlichen Anpassungsfähigkeit dieses Mini-Monsters. Es scheint, Toxoplasma hat einen Universalschlüssel zu fast jedem Immunsystem von Warmblütern.

Aber Achtung: Nicht jeder, der Parasiten weitergibt, muss auch selbst betroffen sein. Darunter fallen auch viele Mitbewohner in menschlichen Behausungen. Hunde sind beispielsweise nicht immer echte Zwischenwirte – sie werden mitunter gar nicht infiziert, sondern spielen den ahnungslosen Lieferservice: Sie schleppen die mikroskopische Fracht an Fell und Pfoten direkt in unsere Wohnzimmer. Der Unterschied? Eine Zwischenwirtin ist wie ein Brutkasten – die Parasiten nisten sich ein, vermehren sich und verändern ihre Gastgeberin. Ein mechanischer Überträger wie der Hund ist eher wie ein Paketbote – er liefert oft nur ab, ohne den Inhalt auszupacken.

## „Yippie-yay-yay, Schweinebacke“

Die Infektion beginnt mit dem Schlucken einer Oozyste, sagen wir auf dem Salat. Im Darm dann das Erwachen, Teil 2, mit dem anschließenden Schlüpfen: *Sporozoiten* werden freigesetzt und verwandeln sich in *Tachyzoiten* – die Turbos unter den Parasitenformen. Diese kleinen Invasoren reisen mit rasanter Geschwindigkeit wie eine Rohrpost in Blut- und Lymphbahnen durch den gesamten Körper – Ähnliches kennen wir ja schon von der Malaria (siehe Seite XX). Ihre Lieblingsziele: strategisch wichtige Kommandozentralen wie Gehirn und Muskeln. Erst dort schalten die Tachyzoiten einen Gang runter. Aus den aggressiven Sprintern werden Bradyzoiten, gemütliche Stubenhocker, die sich in Gewebezysten einkuscheln. Oft bleiben sie ein Leben lang, so wie Großmutters Vase im Regal: immer präsent, kaum wahrgenommen und ungenutzt. Doch sollte sie eines Tages vom Kaminsims stürzen – etwa, wenn das Immunsystem erschüttert wird –, dann offenbart sich ihre wahre Natur: Was eben noch harmlose Dekoration war, wird zu Pandoras Büchse, aus der all die eingesperrten Übel entweichen. Diese Ruhestadien sind gleichzeitig tickende Zeitbomben und geheime Vorratskammern. Immer bereit für ihr großes Comeback, sobald das Immunsystem unvorsichtig ist und der Deckel springt.

Für die meisten von uns ist das erste Zusammentreffen mit Toxoplasma so unspektakulär wie ein wolkenverhangener Tag – kaum wahrnehmbar und schnell verflüchtigt. Die akute Toxoplasmose maskiert sich bei immungesunden Personen in der Regel als harmloser Schnupfen, schlimmstenfalls als Mini-Grippe. Ein paar Tage mit flauem Magen, Müdigkeit und vielleicht ein paar geschwollenen Lymphknoten.

Doch wenn das Immunsystem geschwächt ist, braut sich aus der Wolkendecke ein verheerender Schneesturm zusammen. AIDS-Patienten oder Organtransplantierte, deren Abwehr künstlich gedimmt wurde, stehen einer völlig anderen Bedrohung gegenüber: Der Parasit kann ungehindert eine Toxoplasmose-Enzephalitis auslösen – eine Gehirnentzündung, die wie eine Lawine alles unter sich begräbt.

Richtig gefährlich wird Toxoplasma für werdende Mütter und ihre ungeborenen Kinder. Bei einer Erstinfektion in der Schwangerschaft durchbricht der Parasit mühelos die Plazentaschranke und kann im sich entwickelnden Organismus verheerende Verwüstungen anrichten, deren neurologische Folgen ein Leben lang bestehen bleiben. Daher gibt es in vielen Ländern ein Toxoplasmose-Screening bei Schwangeren, das unterschiedlich gehandhabt wird.

Während es in Österreich, Frankreich und Italien Teil des normalen Vorsorgeprogramms ist, wird es in Deutschland und der Schweiz nur bei Verdacht durchgeführt. Allerdings kann es durchaus zu falsch positiven und falsch negativen Ergebnissen kommen.

Der Siegeszug von Toxoplasma gondii ist kein Zufall, sondern das Ergebnis dreier evolutionärer Geniestreiche. Erstens: die Oozysten, zäher als Bruce Willis in *Stirb Langsam 2*. Zweitens: die Bradyzoiten, die sich wie Schläfer-Agenten jahrzehntelang unbemerkt im Gewebe verbergen – perfekt getarnt, völlig unauffällig, aber immer einsatzbereit. Und drittens, quasi das Sahnehäubchen: die gezielte Gehirnwäsche seiner Zwischenwirte – womöglich auch bei uns Menschen.

## Der den Wolf tanzen lässt

Malen wir uns aus, wir wären ein romantisch gestimmter Parasit mit Hang zu shakespeareschem Pathos, auf der Suche nach der großen Liebe. Doch diese wartet ausgerechnet im Darm einer Katze, während wir im Oberstübchen einer Maus festsitzen. Was tun, sprach Zeus? T. gondii vertraut nicht auf olympische Intervention, sondern greift selbst zur neurochemischen Fernbedienung: Die Angst der Maus wird gedimmt, die Regler für „Todessehnsucht" und „Katzenliebe" auf Maximum gedreht. So entwickeln infizierte Nager ein regelrechtes „Stockholm-Syndrom félin" und werden vom Duft des Katzenurins unwiderstehlich angezogen – ganz wie Raubkatzen von Calvin Kleins „Obsession for Men". Richtig gelesen: Dieses Herrenparfüm enthält Zibeton, den Hauptduftstoff aus dem öligen Sekret der Zibetkatzen-Perianaldrüsen – weniger charmant formuliert: den Afterduft. Wildtierforscher nutzen diesen Lockstoff sogar, um Tiger, Jaguare und Leoparden anzulocken, da er deren territoriale Instinkte weckt. Die moderne Parfümindustrie setzt mittlerweile aus ethischen Gründen auf synthetische Varianten – dennoch sollten Sie weder mit der echten noch der künstlichen Version auf Tigerpirsch gehen. Eigentlich sollten Sie seltene Großkatzen überhaupt nicht jagen.

Der Parasit nistet sich bevorzugt in den Hirnarealen ein, die für Angst und Belohnung zuständig sind – *Amygdala* und *Nucleus accumbens* werden zu seinen persönlichen Spielplätzen. Dort kurbelt er die Dopaminproduktion an. Dieses Glückshormon überschwemmt das System und schreibt die fundamentalste aller Regeln um. Das Ergebnis ist der ultimative Verrat an sich selbst: das euphorische Hochgefühl beim Anblick des eigenen Henkers.

Doch T. gondii gibt sich nicht nur mit Kleinvieh zufrieden. Erinnern Sie sich an die Wölfe aus dem Yellowstone? Schauen wir uns das genauer an. Eine Studie aus dem Yellowstone-Nationalpark, die sich über 26 Jahre erstreckte, enthüllte: Selbst Wölfe sind nicht vor dieser mentalen Fernsteuerung gefeit. Je mehr sich das Revier eines Wolfsrudels mit Pumagebieten überlappte, desto wahrscheinlicher trugen die Wölfe Toxoplasmen in sich. Und jetzt wird's haarsträubend: Infizierte Wölfe legten ein Risikoverhalten an den Tag, das jeden Sicherheitsbeauftragten in den Wahnsinn treiben würde. Elfmal häufiger verließen sie ihr Rudel, um solo auf Tour zu gehen – eine Entscheidung, die in der Wolfswelt ungefähr so klug ist, wie mit einer Fackel ein Benzinlager zu inspizieren. Noch eine erstaunliche Statistik gefällig? Infizierte Wölfe hatten eine 46-mal höhere Chance, Rudelführer zu werden.

Doch wie macht der parasitäre Winzling aus einem gewöhnlichen Wolf ein Alphatier? Vermutlich durch biochemische Kriegsführung: Toxoplasma dreht alle Testosteron-Hähne auf und ein Wolf auf Testosteron kämpft aggressiver, ist rücksichtsloser und wirkt auf Sexualpartnerinnen attraktiver. Unter dem Strich macht der Parasit seine Wirtin also zum charmanten Soziopathen mit Ambitionen.

Das wirkt zunächst wie ein Karriere-Boost. Doch ein Chef, der hochriskante Entscheidungen trifft, mag mittelfristig brillieren – langfristig jedoch stürzt er nicht nur sich selbst, sondern die ganze Truppe ins Verderben. Die Wissenschaftler vermuten einen teuflischen Kreislauf: Führt der infizierte Alpha-Wolf sein Rudel in Pumaterritorien (womöglich unbewusst vom Katzenduft betört), explodiert die Infektionsrate im gesamten Pack. Der Parasit verwandelt ein tragisches Einzelschicksal in eine Gruppenkatastrophe und kapert nebenbei die komplette Hierarchie. Falls Sie jetzt an Unternehmer denken, die kometenhaft ein Imperium aufbauen und dann mit waghalsigen Entscheidungen alles in den Sand setzen: Willkommen im Club!

Ähnlich Verblüffendes passiert auch bei Hyänen: Eine Langzeitstudie über drei Dekaden zeigte, dass infizierte junge Fleckenhyänen gegenüber Löwen fahrlässig wurden. Die Folge: Sie landeten deutlich häufiger im Lunchpacket ihrer Intimfeinde.

Nicht minder verstörend sind die Erkenntnisse aus Gabuns Regenwäldern. Die dort lebenden Schimpansen stehen noch auf dem Speiseplan von Leoparden – was sie zu perfekten Probanden machte. Der Versuchsaufbau: Infizierte und gesunde Schimpansen bekamen Urinproben verschiedener Tiere vorgesetzt. Die Reaktionen verrieten alles: Gesunde Affen mieden Leopardenurin wie Teenager das Elternschlafzimmer: „Danke, aber ich bin dann mal weg!" Infizierte Schimpansen hingegen wurden geradezu magisch angezogen – sie schnupperten interessiert am Duft ihrer natürlichen Feinde. Das verblüffende Detail: Bei Tiger- und Löwenurin – von Raubkatzen, die es in Gabun gar nicht gibt – reagierten infizierte und gesunde Affen völlig identisch: beide mit Meidung. Toxoplasma arbeitet demnach präzise und schaltet gezielt nur die Angst vor dem lokal relevanten Fressfeind aus.

## Der Prolet und das Biest

Und dann sind da noch wir Menschen. Die Nachricht, dass Toxoplasma Lebewesen manipuliert, die rund 99 Prozent ihrer Gene mit uns teilen, scheint beunruhigend. Vor allem, wenn man bedenkt, dass etwa ein Drittel der Weltbevölkerung den Parasiten in sich trägt – oft ahnungslos.

Forscher haben dazu eine faszinierende Theorie: Vielleicht sind die Verhaltensänderungen bei infizierten Menschen ein evolutionsbiologisches Echo – eine Hypothese, nicht mehr. Vor Zehntausenden von Jahren, als unsere Ahnen noch regelmäßig auf dem Speiseplan von Säbelzahnkatzen standen, hätte Toxoplasmas Manipulation tatsächlich adaptiv sein können: Ein befallener Frühmensch, der weniger Angst vor Raubkatzen hatte, wurde eher zur Beute und der Parasit erreichte sein Ziel: den (Groß-)Katzendarm.

Die gute Nachricht: Wir enden heute selten als Katzenfutter. Die schlechte: Einige Studien deuten darauf hin, dass der Parasit weiterhin an unseren Gehirnen schraubt – es handelt sich aber nur um Indizien, keine Beweise. Die Liste der möglichen Effekte bei einer Infektion liest sich wie die Nebenwirkungen eines nicht zugelassenen Medikaments: erhöhte Risikobereitschaft, verlangsamte Reaktionszeiten, Persönlichkeitsveränderungen. In manchen Studien zeigten Schizophrenie-Patienten eine 2,7-fach höhere Wahrscheinlichkeit, Toxoplasma-positiv zu sein. Es gibt auch Arbeiten, die Zusammenhänge mit erhöhten Selbstmordraten und Autounfällen darlegen.

Bizarr: Kleine Experimente berichten, dass infizierte Männer den Geruch von Katzenurin angenehmer finden als nicht-infizierte. Es ist, als versuche der Parasit immer noch, uns in Richtung Katzenschlund zu locken. Zudem zeigen Fragebogenstudien teils geschlechtsspezifische Muster: Männer wirken im Mittel risikofreudiger, misstrauischer, eifersüchtiger. Überspitzt gesagt: Beim ersten Date zitieren diese Burschen Verschwörungstheorien und zeigen auf dem Weg dahin jedem anderen Autofahrer den Vogel. Bei

Frauen wurden höhere Fürsorglichkeit und Gewissenhaftigkeit beschrieben – mit einem Haken: Auch bei ihnen steigt die Aggressionsneigung.

Aber so wie der Parasit Wölfe an die Spitze des Rudels führt, könnte er auch uns Menschen zu mehr Initiative anstiften. Eine Untersuchung fand heraus, dass infizierte Studierende 1,4-mal häufiger Betriebswirtschaft als Hauptfach wählen. In einer weiteren Stichprobe unter Geschäftsleuten gründeten Befallene 1,8-mal häufiger eigene Unternehmen. Vielleicht sollten Investoren ihre Geschäftspartner künftig gründlicher unter die Lupe nehmen: „Bevor wir Herrn Braun 85 Millionen geben, sollte er einen Toxoplasmose-Test machen."

## Vom Auffahrunfall zur Psychose

Wenn Sie das nächste Mal im Stau stehen und sich über einen besonders rücksichtslosen Fahrer ärgern, denken Sie daran: Möglicherweise sitzt da nicht nur ein Idiot am Steuer, sondern ein Mensch mit einem mikroskopischen Beifahrer, der das Gaspedal mittreten möchte. Neben der gesteigerten Risikobereitschaft verlangsamt Toxoplasma nämlich die Reaktionszeit und verschlechtert die Konzentration. Untersuchungen zeigen, dass Toxoplasmen-Träger mehr als doppelt so häufig Verkehrsunfälle verursachen. Der Parasit scheint harmlose Pendler in Möchtegern-Rennfahrer zu verwandeln. Neun verschiedene Studien versuchten, diesen Zusammenhang zu untermauern. Vier bestätigten das erhöhte Unfallrisiko, zwei fanden zumindest höhere Antikörperwerte bei Unfallverursachern.

Doch Toxoplasma macht Menschen nicht nur zu üblen Autofahrern, seine Auswirkungen können düster werden – aus psychiatrischer Sicht. Historische Berichte aus den 1940er- bis 1960er-Jahren lesen sich wie Drehbücher zu B-Movies: Wir wissen etwa von einer 47-jährigen Laborarbeiterin, die Wahnvorstellungen entwickelte, mit imaginären Personen sprach und überzeugt war, an Toxoplasmose zu sterben – was tragischerweise auch geschah. Bei der Autopsie war ihr Gehirn voller Parasiten. Ein anderer Fall betrifft einen 20-Jährigen mit Wahnvorstellungen, Halluzinationen und katatonischen Zuständen. Die Diagnose: Toxoplasma-Enzephalitis. Ein Fall, der zeigt, wie die akute Infektion mit dem Frontalangriff auf die Psyche weit übers Ziel hinausschießt, während die subtile Manipulation deutlich nachhaltiger ist – für Eindringling und Wirtin.

Ebenso beunruhigend sind die Verbindungen zwischen Toxoplasma und Suizidgedanken. Mehrere Studien zeigen, dass Menschen mit Suizidversuchen höhere Toxoplasma-Antikörperwerte aufweisen. Eine dänische Arbeit fand heraus, dass infizierte Frauen doppelt so erfolgreich (!) Suizid begehen. Es ist makaber: Ein Parasit, der ursprünglich dazu gedacht war, seine Wirte von Katzen fressen zu lassen, scheint bei Menschen andere dunkle Türen im Geist zu öffnen. Infizierte haben häufiger einen früheren Krankheitsbeginn, schwerere Symptome, längere Krankenhausaufenthalte und zeigen während der Behandlung mehr Widerstand.

Doch sind nicht alle Toxoplasma-Stämme gleich. Es gibt drei Hauptvarianten – Typ I, II und III –, die sich verhalten wie verschiedene Charaktere in einem Psychothriller.

Typ I ist der Berserker: Er tötet Mäuse bereits in der akuten Infektionsphase, sodass sie gar nicht erst die Chance bekommen, chronisch infiziert zu werden und das typische „Katzenfutter-Verhalten" zu entwickeln. Auf den ersten Blick evolutionär ungeschickt – ein Parasit, der seine Wirtin umbringt, bevor er sie manipulieren kann. Dass sich Typ I trotzdem gehalten hat, liegt vermutlich an seiner anderen Überlebensstrategie: Statt auf subtile Langzeit-Manipulation zu setzen, maximiert er seine Reproduktion durch schiere Geschwindigkeit und Aggressivität. In manchen Umgebungen – oder bei bestimmten Wirten – kann diese „Blitzkrieg-Strategie" erfolgreicher sein als nachhaltige Manipulation. Die Typen II und III sind dagegen die cleveren Langzeit-Strategen: Sie etablieren chronische Infektionen, leben jahrelang unbemerkt im Gehirn und können dort in aller Ruhe ihre psychologischen Spielchen treiben. Typ I ist also wie ein Sprinter, der auf schnelle Siege setzt, während II und III Marathonläufer sind, die auf Ausdauer und Strategie bauen. Beide Ansätze haben offenbar ihre Daseinsberechtigung – sonst wären sie ausgestorben.

Doch der Einzeller verbiegt nicht nur Persönlichkeiten – er pfuscht auch an der kognitiven Hardware herum, also an allem, was mit Denken, Lernen und Gedächtnis zu tun hat. Studien mit infizierten Kindern zeigen schlechtere Leistungen in Mathematik und reduzierte Lesefähigkeiten. Bei Erwachsenen leiden Arbeitsgedächtnis, Sprachfähigkeiten und bei älteren Menschen die Exekutivfunktionen – also alles, was man braucht, um den Alltag zu organisieren, mehrere Aufgaben gleichzeitig zu bewältigen und flexible Entscheidungen zu treffen.

## Die Forschung ist blinder als Justitia – und das ist gut so

Für uns bleibt die Frage: Wie viel von unserem Verhalten ist wirklich „unseres"? Wenn ein Parasit unsere Risikobereitschaft erhöhen, unsere Reaktionszeiten verlangsamen und unsere Geruchspräferenzen ändern kann – was bedeutet das für unser Verständnis von freiem Willen? Die Wissenschaft hat darauf eine frustrierend ehrliche Antwort: Wir wissen es nicht. Genauer gesagt: Wir können es nicht wissen – zumindest nicht mit der Gewissheit, die wir uns wünschen.

Das Problem liegt im Unterschied zwischen zwei Begriffen, die oft so wirken, als gehörten sie zusammen – dabei tun sie es meist gerade nicht: Korrelation und Kausalität. *Korrelation* bedeutet, dass zwei Dinge gleichzeitig oder regelmäßig gemeinsam auftreten – zum Beispiel steigen im Sommer sowohl die Eisverkäufe als auch die Zahl der Sonnenbrände. Zufall? Nein. Zusammenhang? Ja. Ursache und Wirkung? Nicht unbedingt. *Kausalität* hingegen liegt vor, wenn das eine das andere tatsächlich verursacht – wie Regen, der die Straßen nass macht, oder Kaffee, der uns morgens überhaupt erst gesellschaftsfähig macht. Der entscheidende Punkt: Nur weil zwei Dinge oft gleichzeitig passieren, heißt das noch lange nicht, dass das eine die Ursache des anderen ist. Wer Korrelation mit Kausalität verwechselt, tappt schnell in die Logik-Falle – und landet am Ende vielleicht bei absurden Schlüssen wie: „Wer Schokolade isst, gewinnt mehr Nobelpreise."

Ein anderes Beispiel: iPhone-Verkäufe korrelieren verblüffend stark mit tödlichen Treppenstürzen. Verwandelt iPhone-Strahlung Menschen also in Tollpatsche? Oder stolpern sie schlicht häufiger, weil sie gebannt auf den Bildschirm starren statt auf die Stufen? Der gesunde Menschenverstand tippt klar auf Variante zwei. Doch die Wissenschaft behandelt beide Theorien mit derselben vornehmen Zurückhaltung, bis jemand den definitiven Beweis liefert. Bis dahin herrscht demokratische Gleichberechtigung zwischen Ablenkungstheorie und strahlungsbedingter Ungeschicklichkeit.

Bei Toxoplasmen sehen wir bestechende Korrelationen: Infizierte Menschen gründen häufiger Unternehmen, fahren riskanter Auto, reagieren langsamer und zeigen andere Verhaltensänderungen. Das Credo scheint zu lauten: Maximale Verwirrung führt irgendwann in einen Katzendarm. Die Muster sind so konsistent, dass sie schwer zu ignorieren sind. Doch der Sprung von „passiert oft zusammen" zu „das eine verursacht das andere" ist – wie die genannten Beispiele zeigen – in der Wissenschaft gewaltig.

Warum können wir nicht einfach Beweise erbringen? Aus demselben Grund, warum wir keine Menschen absichtlich mit Malaria infizieren, um Medikamente zu testen: Ethik! Man kann unmöglich eine Studie aufsetzen, in der man die Hälfte der Probanden gezielt mit einem Parasiten infiziert und dann wartet, ob sie plötzlich Motorrad fahren oder ihre Katze öfter knuddeln wollen. Die Alternative – Menschen über Jahre zu beobachten – birgt ihre eigenen Probleme: Wann fand die Infektion statt? War das Verhalten schon vorher da oder hat es sich danach geändert? Es besteht zum Beispiel auch die Möglichkeit, dass risikofreudige Personen einfach häufiger infizierten Katzenkot an den Händen haben, weil sie es mit der Hygiene nicht so genau nehmen.

Was die Toxoplasma-Forschung so faszinierend und gleichzeitig frustrierend macht, ist, dass alle Puzzleteile zusammenpassen – nur das entscheidende Stück fehlt. Die biologischen Mechanismen sind plausibel, die Tierstudien überzeugend, die statistischen Zusammenhänge beeindruckend. Es ist, als hätte man alle Zutaten für einen perfekten Kuchen, aber niemand darf ihn backen, um zu schauen, ob er wirklich schmeckt.

Diese Ehrlichkeit – das Eingeständnis, dass wir trotz aller Indizien nicht sicher sein können – ist gleichzeitig Stärke und Schwäche der modernen Forschung: „Es sieht ganz danach aus, aber beweisen können wir es nicht", ist oft die Schlussfolgerung. Und das ist paradoxerweise gut so, denn diese methodische Selbstbeschränkung schützt uns vor voreiligen Schlüssen und falschen Gewissheiten. Der Preis der wissenschaftlichen Exaktheit ist, dass uns dies hie und da mit unbefriedigenden Antworten zurücklässt.

Möglicherweise ist die wichtigste Erkenntnis, die wir von Toxoplasmen lernen können, eine Lektion in Ehrlichkeit – und Demut. Wir mögen uns als Krone der Schöpfung sehen, jedoch sind wir für einen gewitzten Parasiten nur ein weiteres Transportmittel – wenn auch eines, das dummerweise aufgehört hat, von Katzen gefressen zu werden. Ein evolutionärer Betriebsunfall, aber kein gravierender, solange es genügend Alternativen gibt. So wurde Toxoplasma gondii zum Sisyphos, der seinen Felsen den Berg hinaufrollt. Nur dass der Felsen das menschliche Hirn ist und der Berg die sinnlose Aufgabe, uns Katzenurin mögen zu lassen.

# EPILOG

# Epilog – Kurz kratzen, dann weiterleben

Wenn Sie dieses Buch schließen und in Europa wohnen, tobt in Ihnen mit großer Wahrscheinlichkeit kein Drama. Das liegt an einer verlässlichen Doppelspitze: Ihrem Immunsystem, das seit Jahrtausenden mit Parasiten verhandelt, und der Medizin, die aus den Verhandlungen die richtigen Schlüsse gezogen hat: Wasser wird sauberer zu uns geleitet, Fäkalien gehen dorthin, wo sie hingehören, Diagnosen sind genauer und Therapien treffen eher ins Ziel.

Natürlich spielt die Gegenseite weiter. Parasiten sind keine übermächtigen Filmmonster, doch sie haben Drehbucherfahrung seit der Kreidezeit. Sie passen sich an Klima, Wirtin und Wohnsituation an: Mücken mögen immer wärmere Sommer, Würmer fliegen Businessclass in globalen Lieferketten mit und Schaben haben ihre Komfortzone erweitert. Kein Grund für Überreaktion, sondern Zeit, die richtigen Schlüsse zu ziehen. Etwa wie man bei zu lauter Musik von der Nachbarin einfach die Fenster schließt, statt sie anzuzeigen.

Unser Verhältnis zu Parasiten ist keine Romanze, eher ein Tauziehen mit gelegentlichen Waffenstillständen. Wir teilen Lebensräume – manchmal überschneiden sie sich mehr, als uns lieb ist –, aber sicher nicht unsere Interessen. Nullrisiko ist ein schöner Traum, wie ein Urlaub ohne Regentage; in der Praxis lebt man im Graubereich zwischen „Mir passiert nie was" und „Alles ist verseucht". Genau dort blüht das unaufgeregte, informierte und vor allem echte Leben.

Ein Blick nach vorn zeigt: Die Forschung schmiedet neue Werkzeuge. Wir bereiten uns vor – mit vorausschauender Überwachung und einem Pakt mit der öffentlichen Gesundheit, in dem Human-, Tier- und Umweltmedizin ein schlagkräftiges Team bilden. Parasiten verschwinden nicht, aber wir können die Spielregeln diktieren. Ihre Macht endet dort, wo unsere Disziplin beginnt:

Keine Panik, stattdessen planen!

Angst macht blind wie Liebe. Checklisten machen uns zu Durchblickern. Erst nachdenken, dann googeln, dann noch einmal nachdenken.

## In der Küche: Wasser, Seife, Hitze

Regelmäßig Hände waschen. In der Küche bleibt Rohes unter sich: Brett A fürs Huhn, Brett B für den Salat und das Messer dazwischen abspülen. Marinade sollte nach Rohkontakt in die Pfanne, nicht in den Dip. „Kalt bleibt kalt, heiß wird heiß" – lauwarm ist Wellness für Keime. Reste rasch kühlen, beim Aufwärmen richtig heiß machen – Dampf ist der Applaus der Küche.

### Draußen: Stoff an, Spray drauf

Lange Hosen steckt man am besten in die Socken, wie ein Nerd auf Schulausflug. Repellent wird auf Haut und Kleidung gesprüht, was zwar seltsam anmutet, aber hilft. Nach dem Spaziergang im Wald: sorgsamer Zecken-Check. Bei den kleinen Biestern gilt: Je früher raus, desto kleiner der Ärger.

### Drinnen: Luft rein, Lacken raus

Fliegengitter, Netze und Ventilatoren helfen wie eine gute Versicherung. Mücken hassen Wind und brauchen für ihre Nachkommen stehende Gewässer. Also Deckel auf die Regentonne mit dem Regenwasser. Schließen Sie einfach die Kreißsäle der Aliens!

### Bello und Miez gehören zu uns

Haustiere sind auch aus gesundheitlicher Sicht Teil der Familie – nur flauschiger und mit fragwürdigen Essgewohnheiten. Daher ist regelmäßiges Entwurmen Pflicht, denn geteilte Liebe ist schön, geteilte Parasiten nicht. Die Tierärztin sollte keine Fremde bleiben. Und Händewaschen nach jeder Kuscheleinheit ist kein Vertrauensbruch, sondern Selbstschutz. Wenn der Hund am Hintern schlittert, ist das keine neue Yoga-Übung – ab zum Doc! Wer sein Tier (und sich selbst) liebt, der schiebt die Wurmkur regelmäßig rein, nicht die Verantwortung beiseite.

### Reisen bildet, aber man sollte nie ungebildet losfahren

Man sollte sich vorher beraten lassen, unterwegs die Trinkflasche gut verschließen und Eiswürfeln skeptisch begegnen. Streetfood ist nicht immer Kunst. Entscheiden Sie nach dem Eindruck der Küche, nicht nach dem Duft (oder dem aktuellen Hunger)!

### Medikamente: Kopf an, Bauch aus

Selbsttherapie „auf Verdacht" ist wie Lotto spielen. Erst die sichere Diagnose, dann der passende Wirkstoff. Antibiotika und Wurmmittel sind Präzisionswerkzeuge, keine Abrissbirnen.

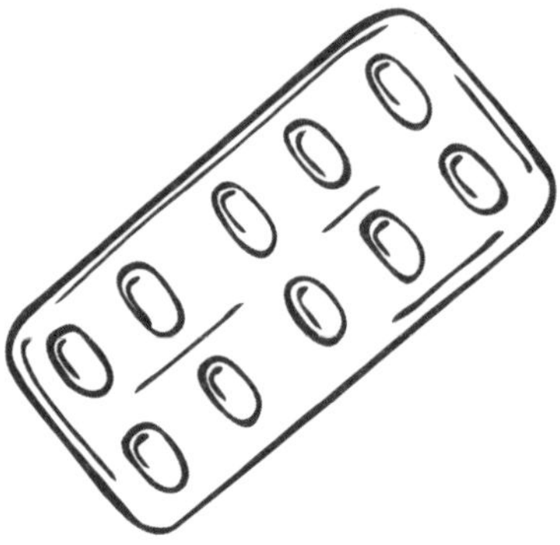

### Das Klima ändert die Landkarte

Verlassen Sie sich ebenso wenig auf überholte Gesundheitsmythen wie auf Wetterregeln aus dem Bauernkalender. Schauen Sie auf aktuelle Warnungen, Saisonzeiten, Hotspots. Folgen Sie den Daten, nicht den Anekdoten der Nachbarn. Die Natur schreibt das Drehbuch regelmäßig um – halten Sie sich an das aktuelle Skript.

## One Health: Teamspiel statt Solo

Mensch, Tier, Umwelt – ein System wie Dominosteine, bei dem der erste Stein auch nur ein Moskito sein kann. Wer heute im Dschungel angehustet wird, liegt möglicherweise morgen bei uns auf der Intensivstation.

Ungewöhnliches melden ist kein Alarmismus, sondern wie die Rauchmelderbatterie wechseln. Und zwar bevor es brennt. In der Gesundheitsgleichung sind wir alle Variablen – ignoriere eine und die ganze Rechnung geht nicht auf.

## Abwägen ohne Ideologie

Chemie killt Vektoren, rettet Leben, vergiftet Böden – alles gleichzeitig, wie ein Schweizer Taschenmesser mit Nebenwirkungen. Nichtstun klingt nach Zen, aber Mücken meditieren nicht, sie stechen. Der Öko-Heilige und der Chemie-Cowboy haben beide unrecht, wenn sie absolut denken. Kontext schlägt Kampfparolen und manchmal ist die unbequeme Lösung die einzig vernünftige. Wer nur einen Hammer hat, sieht überall Nägel – wer klug ist, kennt den ganzen Werkzeugkasten.

## Den Wirt stärken

Parasiten bevorzugen (immunologisch) erschöpfte Gastgeber wie Einbrecher offene Türen. Achten Sie daher auf guten Schlaf, ausreichend Bewegung, gesunde Ernährung, Impfungen und Stressabbau. Machen Sie sich innerlich unattraktiv – für Parasiten!

## Nackt sind Sie nackt

Sie sind eine wandelnde Festung und Parasiten sind Belagerungsmeister. Sie kennen jeden Schwachpunkt: die warme Erde unter den

Fingernägeln nach der Gartenarbeit oder die feuchten Fugen in der Gemeinschaftsdusche.

Ein Hakenwurm braucht nur eine Mikrosekunde und einen feuchten Fuß. Für ein Toxoplasma genügt eine ungewaschene Hand nach dem Streicheln einer streunenden Katze. Daher: Handschuhe bei Erdkontakt, Badeschuhe bei feuchten Böden. Nackte Haut ist eine Einladung – achten Sie darauf, wem Sie diese überreichen.

## Wasser & Gewässer: Liquid Death

Tropenwasser ist ein flüssiger Albtraum. Schistosomen bohren sich durch die Haut wie heiße Nadeln durch Butter. Unbehandelter, roher Fisch? Bandwurm-Roulette! Jeder Bissen Sushi von zweifelhafter Herkunft kann einen Zehn-Meter-Mitbewohner in den Darm einladen. Selbst klares Bergwasser ist die perfekte Tarnung für Giardien, die Ihnen wochenlang die Eingeweide umkrempeln. Wasser kann lügen – es sieht sauber aus und macht dennoch krank.

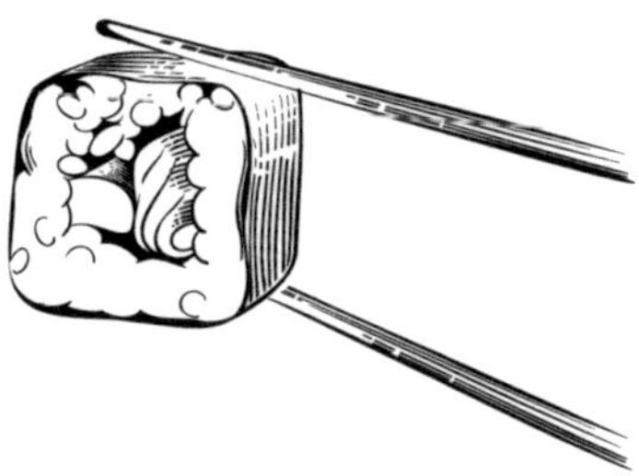

Zum Schluss kein Ratschlag mehr, sondern ein leiser Abschied: Bewahren Sie Ihre Neugier wie eine kostbare Erinnerung und pflegen Sie Ihr Immunsystem wie einen alten Freund, der schon viele Geschichten mit Ihnen geteilt hat. Wenn Sie nun dieses Buch schließen, dann lauschen Sie einen Moment in die Stille hinein: Das ist das Geräusch neu geordneter Gedanken, das sanfte Klicken, mit dem vielleicht überbordende Ängste einer stillen Faszination Platz machen. Die letzte Seite ist gleich umgeblättert, und wenn das Panoptikum unserer Mitbewohner seine Pforten schließt, lächelt irgendwo in fernen Gedärmen ein alter Wurm, weil er sich zum ersten Mal verstanden fühlt. Wir winken, ein bisschen klüger, ein bisschen wehmütig. Und waschen uns die Hände.